U0029919

最簡單的生產製造書 ①

圖解 **看懂工業圖面**

創意設計力×製造優勢，
打造高附加價值商品的第一步

西村仁 著
洪淳瀅 譯

設計不只是設計，
更需要跨領域的串聯能力

品研文創創意總監　駱毓芬

　　相信很多設計人的最終夢想都是擁有自己的品牌，讓自己的創意讓更多人看見。而要把作品量產成產品，勢必要跨進一整條相關的產業鏈中，從前端像改善產品功能性的機構設計、生產製造，到末端的行銷、通路等。舉例來說，如果一個設計師有好的創意而且也有能力推敲市場價格，並從市場價格回推成本上限，進而調整製程，便能夠達成獲利、逐漸厚實基礎；而調整製程則又牽涉到設計師對加工方式、材料、圖面繪製等面向的掌握程度。因此要做一個「成功」的設計人，從來都不能只懂設計而已。

　　而如何「閱讀」圖面便是有志以創意工作為業的設計人必備的溝通技巧。

　　筆者過去曾經在3C產業擔任產品設計師長達十年，常常必須與工程師來回溝通產品設計、調整機能的問題；設計師注重的是產品外型的美感，而工程師則負責產品內部的機構設計，以提升製品的穩定性、協調性，像是如何妥善嵌合手機內部零件等。而外觀與內構能不能完美結合，很大程度便有賴於設計師具不具備透過圖面語言與跨業合作者溝通的能力。

　　筆者最近與中國一間優秀的陶瓷大廠展開合作計畫，當初能雀屏中選的原因之一，便是靠著過去深厚的製圖、閱圖經驗，得以提供精確的產品圖面說明，同時也知道生產步驟的各種變因，最終獲得合作廠商的信任。儘管各國工業標準不一，但製圖、閱圖邏輯其實都相同；若是有與製造能力強大的夥伴合作的機會，卻因為自己沒有相應的、與之溝通的能力而失之交臂，真的非常可惜。

筆者近年來除了設計工作外，也在相關學校系所兼課，發現許多年輕的設計系學生們普遍面臨一個問題：他們都只習慣從電腦裡面看3D圖，而忽略了閱讀2D機械圖面的工夫。本來期待做出來的東西是咖啡杯，卻因為沒有把1:1的圖面列印出來再次確認，而做出像壺那麼大的作品，不符合人因工程。

　　另外，也因為自身關照領域的轉變，從早期接觸3C塑膠、金屬之類的產品，轉向到民間工藝（民藝）的開發與合作。許多三、四十歲優秀的工藝師傅們，比起以電腦軟體像是AutoCad製作出來的3D圖面，他們更擅長閱讀2D機械圖面；因此現在許多創意工作者們在與在地產業合作時，若能具備閱圖技巧搭配生活感知能力（能夠將抽象的長度概念對應實際尺寸），一定會更加順利。

　　台灣製造業過去有輝煌的歷史，如今許多低技術門檻的製造產業早已外移至其他國家；而留下來的中高階製造業也都思索著如何提升製品品質、發展品牌、提高產品附加價值；這時候便是我們設計工作者的機會，如何與留下來的中高階製造業協同合作、順暢溝通，相信這本《圖解看懂工業圖面》能做為讀者習得一套圖面語言的入門磚。

前言

你有過這樣的經驗嗎？

當你在公司內部進行討論或者約客戶洽談時，就算對方提出圖面解釋，自己仍然無法順利想像出物件實際的立體形狀？又或者在進行細部討論時無法完全理解對方說明的內容？甚至，因為對圖面上所使用的符號似懂非懂，導致不能及時掌握客戶的詳細要求……等。或多或少都曾有過這樣的經驗吧。

尤其在與技術人員討論時，對方常常會以為你也看得懂圖面，所以當你還在拼命試著理解內容時，討論進度已經不斷地往下一個階段邁進，最後發展成無法挽救的情況。

學習圖面規則

所謂圖面，就是把3D（三維）立體資訊呈現在2D（二維）的紙張上，這項作業的難度相當地高。

為了使每個人都能夠執行這項困難作業，許多前輩在不斷地嘗試錯誤中，終於成功找出了一定的規則。也就是說，這套圖面規則是在前人努力不懈下所產生的結晶。

因此，我們便要以這套規則為基礎，努力熟練並且廣泛應用於圖面。

可是，實際上除了技術者以外，其他人想要找到學習「閱圖」的方法，其實很不容易。

因為專業技術書籍裡都是專有名詞，對沒有讀過科技大學或大學理工科系的人來說，應該沒那麼容易理解吧。

筆者在技術研討會中擔任圖面解讀與設計知識的講師，從中切身感受到圖面，特別是對業務人員來說，的確會形成一道難以跨越的心理障礙。

因此，本書是為了輔助今後要開始學習閱圖、或者雖然學過但仍然似懂非懂、以及未來打算從事「繪圖」這方面工作的人們所編寫的。

學習圖面規則若只是有條理地彙整後背誦，不僅不有趣也無助於理解。想要融會貫通圖面規則的訣竅要從問「為什麼」的觀點切入，思考「為什麼」選用這種表達方式、「為什麼」需要使用這個符號。本書也是從這個視角進行說明。

就算不是技術人員也應具備圖面知識

我們生活周遭像文具、家電、汽車之類的產品，全部都是按照圖面所製成，而製造這些產品的機械同樣也是依照圖面製成。因此，就產品製造而言，圖面的輔助不可或缺。

首先，設計者要先把腦海中浮現的影像「繪製成圖面」，讓每個人都看得見。

接著，製造部門與購買材料、零件的採購部門、確保產品有無符合規格的品管部門、擬訂計畫以適時供貨給客戶的生產管理部門再藉由「閱圖」來共享資訊。

還有，業務相關人員也能從客戶端的圖面來了解各種需求；而銷售自家產品時，也可以利用圖面讓客戶對自家產品有更深入的了解。

總之，圖面不是只侷限給技術人員使用，所有與製造相關的部門都應該要能熟練並好好地活用圖面才行。

閱圖的重點

學習「閱圖」有以下兩項要點。

1）看圖面就要能在腦海中勾勒出該物件的立體形狀。
2）能正確解讀圖面上所記載的各項資訊（如公差或符號等）。

本書將針對這兩點做簡單說明。

其中，由於（2）的圖面資訊包含了許多規則，所以我們試著聚焦在實務上經常使用的幾個做說明。

另外，本書在內文中也盡量避免提到專有名詞，我們採用的字彙主要是以容易記住的用語為主。

CAD（電腦輔助設計）與圖面的關係

以往需要手繪的圖面，現在使用電腦，就能以2D CAD與3D CAD的方式完成設計。CAD的特徵五花八門；不過，基本上還是都符合我們接下來將介紹的圖面規則。

雖然2D CAD是從傳統手繪進入電腦繪圖，但呈現出來的圖面仍然是以同樣的規則繪製而成。還有3D CAD雖然是採用立體的方式進行設計，但就現在的技術而言，最後完成的製造用圖面，仍與手繪圖面或2D CAD圖面相同。

本書介紹的圖面規則，並不會因為設計手法的差異而有所改變，敬請讀者安心學習。

本人衷心希望這本書能讓各位讀者更貼近、了解圖面，未來若能更進一步地活用於工作上，那將沒有比這個更令人開心的事了。

本書結構

第1章到第3章說明如何在腦海中勾勒出【重點1】的立體形狀。

第4章到第8章介紹如何解讀【重點2】的圖面資訊。

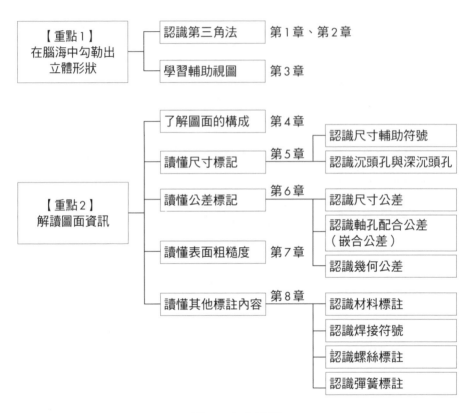

圖1　本書結構

圖面範例

透過本書可學習解讀以下圖面。雖然這個圖面乍看之下會覺得相當複雜，但是只要我們一個一個仔細解讀，就會發現其實一點也不困難。

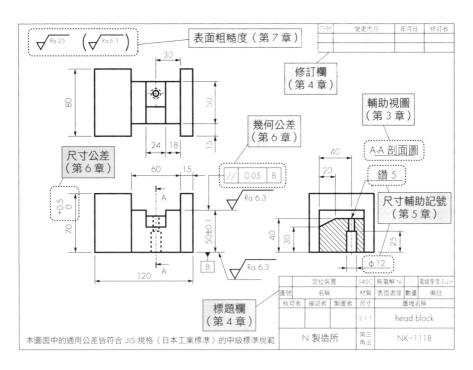

圖2　方形物件的圖面範例

下圖為上一頁圖面的立體形狀。

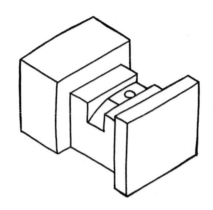

圖3　方形物件的立體形狀

接著，下圖是軸狀物件（圓形物件）的範例。

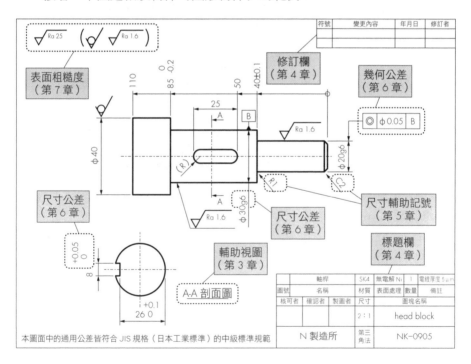

圖4　軸狀物件的圖面範例

下圖為軸狀物件的立體形狀。

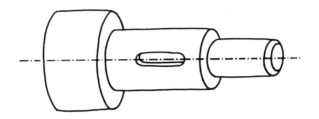

圖5　軸狀物件的立體形狀

　　像這樣，第一步先依圖面勾勒出立體形狀（第1章到第3章）；第二步則開始解讀尺寸等資訊（第4章到第8章）。

　　那麼，從現在開始就讓我們一起來練習看看吧。

給台灣的讀者

　　非常開心這本書能夠在自己很喜歡的台灣出版。製作物件是一件令人愉悅，也值得從事的工作；衷心希望這本書能夠為台灣的讀者帶來幫助。

2018 年 作者 西村 仁

序論　為何需要圖面？

圖面規則做為日本國家級工業標準規格（JIS）之一

第 1 章

學習在平面上表現立體物件的圖面規則

為什麼不直接用簡單易懂的立體圖呈現就好？

觀察物件的基本視點

實現與虛線（隱藏線）

學習第三角法的規則

第2章 看圖面想像立體形狀

更多案例練習

第 3 章　學習輔助視圖

為何需要輔助視圖 94

表現斜面的投影圖

呈現物件內部的剖面圖

其他繪圖方法

第4章 圖面的構成

第5章 讀懂尺寸標記

便利的尺寸輔助符號

指定加工方法──鑽孔

認識沉頭孔與深沉頭孔

第6章 讀懂公差

為何需要公差

第7章 讀懂表面粗糙度

第8章 讀懂其他標註內容

焊接符號

簡略標註螺絲

簡略標註彈簧

讓圖面貼近生活

後記

索引

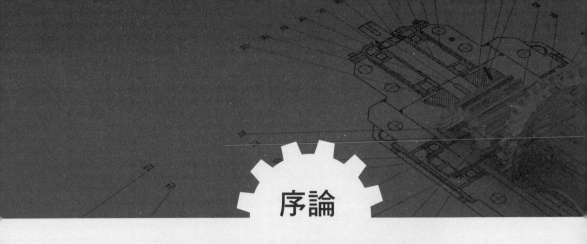

序論

為何需要圖面？

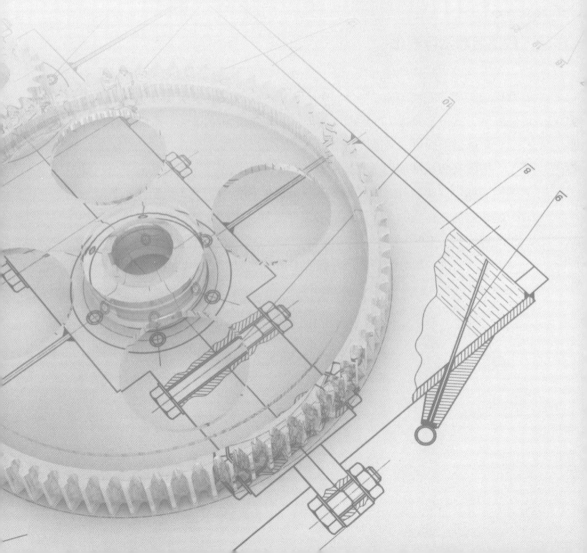

為何產品製造需要圖面？

腦海中想的是…？

　　為什麼產品製造會需要圖面？讓我們一起來想一想。

　　首先，從想嘗試製造物件的念頭開始。這物件或許是自己想要製造的東西，也或許是受到客戶直接委託，想做出讓客戶開心滿意的成品。

　　為了要實現這樣的想法，通常我們就會開始在心中描繪該物件的輪廓，例如要製造具備什麼機能的物件？完成品的形狀與大小為何？製造時要組裝什麼樣的零件？預定製造幾個？成本要控制在多少金額？製造期間預估多久？

設法將想法可視化

　　一旦確立好物件輪廓後，下一個步驟就是思考更深層的細節了。例如機構或結構要如何規劃？各零件的尺寸為何？使用什麼材料？採用哪種表面處理方式…？像這類的細節，可以透過筆記或畫草圖來使其具體化。

　　草圖是指簡單的素描或漫畫圖案，製造現場經常使用。

　　把所有想法都加以彙整後，就能開始著手加工了。此時，若是自己動手做，通常只要看著之前的筆記或草圖就能夠進行，並不需要特別製圖。可是，當加工作業的難度過高或者需要大量加工時，往往都要尋求擅長加工的專家們來協助。

　　這麼一來，就必須將自己「腦海中所有的想法可視化呈現」才行。

圖6　製圖前流程

將資訊傳遞給第三方

在將想法可視化呈現時，最大的難關在於如何才能將製造物件的資訊正確無誤地傳遞給他人。因為不管是筆記或是草圖，說穿了也只不過是一份備忘錄而已，在資訊完整度上相當不足，並不是能與他人共享的資料。

而圖面正是能補足這項缺點。像這樣讓自己以外的第三方順利完成製造物件的「資訊傳遞」，便是製圖的最大目的。

保存資訊

製圖的另一個目的就是記錄資訊，也就是說只要製作圖面就能將「資訊完整地保留下來」。

我們都不知道什麼時候會需要再次製造一樣的物件；不過，只要圖面還在，即使經過半年或多年以後還想要製造同樣的物件時，就可以立即製造出一模一樣的成品來，不必再費時從頭一一摸索。

正因為如此便利，圖面才會成為製造上一個用來傳遞技術資訊的手段。而公司行號之所以會對圖面文書嚴加管控，也是因為這個因素。

繪製圖面的目的

1）將腦海中的影像具體描繪出來。
2）簡潔而確實地傳遞製圖者的想法。
3）透過圖面的記載，將資訊完整地保留下來。

如以上所述，圖面上會記錄所有製造的相關資訊。因此，我們要學的不是「看圖面」，而是「閱讀圖面」。

為何非技術人員也需要圖面？

製造業的工作流程

　　一般人聽到圖面往往都會認為製圖就是設計者的事，而閱圖則是加工者的事；不過，實際上並非全然如此。當今企業為了提升製造效率，幾乎都是採用分工制，也就是說每個人的職務都被分割細鎖化。

　　以下就讓我們一起來探討看看製造業的工作流程，以及圖面又是屬於整個工作流程中的哪一道環節。

　　整體來說，企業的工作流程大致上可以分為企劃、構思、設計、零件加工、組裝、調整、檢查以及銷售。企劃和構思是屬於在「腦海中思考」的階段。而設計是「製圖」階段，零件加工之後的組裝、調整、檢查、銷售則是屬於「閱圖」階段。

製造等於是資訊的傳遞

　　其實，我們可以把製造理解成資訊的變形與流動。一開始只是在腦海中構思製造資訊。接著，透過製圖將腦海中的資訊轉移到圖面上。然後藉著零件加工，再把圖面的資訊轉移到零件上。當把經過加工程序的各零件組裝起來，零件的資訊就又會轉移到物件身上（製品）。

　　而最後的階段則是顧客購買轉移到產品上的資訊。

　　從以上敘述中可以得知，圖面就是資訊傳遞的橋樑，在整個製造流程中扮演著相當重要的角色。

在企劃與構思階段決定製造方向

接下來，讓我們沿著工作流程來做深入探討吧。

製造的第一個步驟是「企劃」，在這個流程當中，我們要先思考想做出什麼樣的物件。除了企劃深具魅力的新產品以外，可能更多時候是在思考如何改良市面上既有的產品。

當決定好製造目標以後，便進入「構思」階段。構思是具體且深入討論的階段。在這個階段裡我們要決定規格，並且繪製草圖，以數值決定形狀、大小、性能、成本等。

決定物件完成度的工作圖

當確定規格以後，下一個步驟就是「設計」。圖面在這個階段登場，也就是「製圖」作業。設計有分先後順序，一開始要先擬定設計用的工作圖，這也是最需要設計者絞盡腦汁的作業流程。

製圖時不但要在滿足規格設定的基礎上，仔細思考什麼樣的機構較合適？構成物件的形狀與尺寸為何？要使用什麼材料之外，也要考慮其他包含技術層面在內的各種細節。

所謂工作圖就是把腦海中的影像具體地呈現出來。

然後，一邊看著初擬的工作圖，一邊思考能否更簡化製程？物件強度是否足夠？使用上有沒有問題？以及可否確保安全等等，透過不斷重覆修正就能提高工作圖的完成度。

這個工作圖的完成度即代表物件的完成度，也是整個設計作業中最重要的一環。

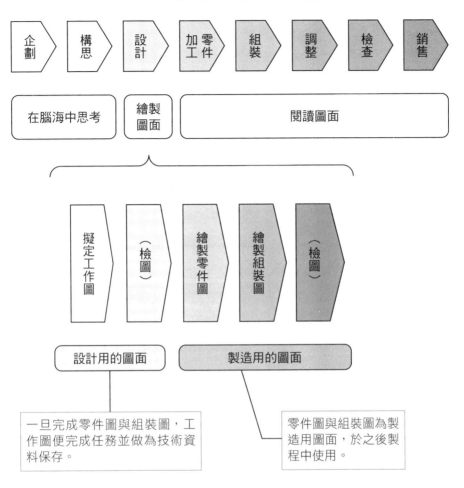

■工作圖：考慮構造、形狀、尺寸、材質等所繪製的設計用圖面。
■零件圖：繪製每個零件資訊的製造用圖面。（一個零件對應一個零件圖）
■組裝圖：指示零件如何組裝的製造用圖面。

圖7　生產流程與圖面之間的關係

27

製造用圖面：零件圖與組裝圖

當設計用圖面的工作圖完成以後，我們要以這個圖面為基準，繼續繪製「零件圖」與「組裝圖」做為製造用圖面。零件圖上可以標示各種形狀、尺寸、材質等。而組裝圖則是用來標示構成零件的相互位置以及完成品的外形尺寸。

從本書學到的圖面規則可同時適用於零件圖與組裝圖，不必另外個別學習，因此請各位讀者放心。

確認作業：檢圖

檢圖就是當工作圖完成、或者當零件圖與組裝圖完成時，要請上司或前輩等第三人來進行檢視的作業程序。

工作圖的檢圖作業主要是確認圖面是否符合之前所決定的物件規格，以及是否能以符合預算的成本來進行製造等。

至於零件圖與組裝圖的檢圖則是確認有無漏標或誤標尺寸之類的圖面繪製錯誤，以提高圖面的完成度。

製造現場的零件加工、組裝、調整與檢查

到目前為止我們所介紹的都是屬於「製圖」作業；接下來，從「加工」到最後階段的「銷售」則進入「閱圖」流程。加工時，要一邊看著圖面（閱圖）一邊進行零件加工。

當零件製造完成以後便開始組裝與調整。這個階段是一邊看著組裝圖組裝與調整。調整結束後還不能馬上銷售，因為還要核對零件圖或組裝圖，檢查是否符合當初所設計的規格。等到檢查結束確定一切都合格以後，才會進入銷售階段。

背負公司名譽的業務

　　很多時候，顧客會提供圖面委託業務安排製造。此時業務不但要能精確掌握到顧客的需求與細節，同時也必須要以該圖面為基礎，與廠內的技術人員進行討論。

　　還有，銷售活動若能使用圖面說明，也能加深顧客對產品的理解。因此，一個業務若具有閱圖能力不但能讓討論內容更深入，也能藉此獲得顧客的信賴。做為公司門面的業務人員若能具備這樣的閱圖能力，無疑會是公司成長的一大助力。

背後的功臣—採購、生產管理

　　即使是在背後默默支持製造的採購部門也一樣，在仔細閱圖之後才將材料或零件發包。交涉進貨價格時也是雙方一邊看著圖面一邊進行洽談比較好。

　　還有，計畫如何有效率進行生產的生產管理部門也同樣要藉由圖面先了解後續要製造的物件以後，才能更貼切地考量工作性能與設備可用狀況，之後再正式投入製造。

　　如以上所述，製造除了需要技術人員以外，還需要許多不同專業的人共同攜手合作，因此，為了能共享同一份資訊，閱圖能力是不可或缺的。

圖面規則做為日本國家級
工業標準規格（JIS）之一

圖面要具備什麼條件？

　　如果連製圖都會因製圖者的製圖方法不同而有所差異的話，對閱圖者來說會很辛苦，因此製圖時必須依照一定的規則繪製。也就是說，只要知道製圖規則，任何人都可以解讀出相同的圖面資訊。

　　以下彙整了圖面應具備的條件。

> **條件1）看圖就能掌握所有的加工資訊，並可藉此加工出符合預期的**
> **　　　物件。**
> **條件2）任何人看圖都能解讀出相同的圖面資訊。**

　　條件（1）是指必須讓製造者只看圖面就能夠進行加工。如果圖面上所標示的資訊不夠充足，就必須另外再請教製圖者，造成額外困擾。所以圖面一定要包含全部的加工資訊。

　　條件（2）是指不能因為解讀方法的差異或是由不同人閱圖而對內容有分歧的理解。例如，要是加工者與檢查者解讀到的圖面資訊不一樣，那麼勢必會影響檢查結果的合格與否。

JIS 規格所規定的圖面規則

　　本書所記載的圖面規則是由符合上述兩項條件的日本工業標準規格JIS（日本工業規格，又稱日本工業標準）所規範的國家級規格。這套規格為了方便製圖與閱圖至今仍持續修訂中。

　　由於JIS規格被廣泛運用於工業相關領域，所以我們才需要學習JIS規格中有關圖面的相關規則。

※基本上製圖、閱圖邏輯相同，若細節處有不同於台灣的標註方式，則以「譯註」或「編按」另做說明。

JIS規格帶來的效果

　　善加運用這套規則，就不必在每次製圖與閱圖時還要多費心思去找尋方法。而且遵循JIS規格也能確保一致性。例如，日常生活中常見的「螺絲」就是依照這套JIS規格製造。所以，不管在國內哪間商店購買、抑或購買哪間廠商所製造的螺絲，其規格都會完全相同。因為螺絲廠商製造時都是以JIS規格為基準。

　　另外，日常生活用品上只要有標示JIS標章就代表符合JIS規格的認證。由於JIS規格的適用對象涵蓋各工業領域，規則多到數不清。因此，為了方便大家活用這套規則，內容總共分類成19大類，然後再依照每個類別細分出各項標準。

<舊JIS標章>
～2005年9月

<新JIS標章>
2005年10月～

圖8　JIS標章

JIS規格的名稱（參考）

　　「JIS」是Japanese Industrial Standards的簡稱，直譯的話就是日本・工業・規格。當我們說「JIS規格」時其實已經重複了兩次「規格」，不過實務上還是常常這樣表示。日本經濟產業省旗下的日本規格協會在編制JIS原版時也是使用「JIS規格」這樣的說法，因此本書也依循使用相同名稱。

JIS 規格的分類

JIS 規格的 19 項類別如下。

表 1　JIS 規格的分類

類別代號	類別名稱	類別代號	類別名稱
A	土木建築	M	礦
B	通用機械	P	紙漿和紙
C	電子和電氣機械	Q	管理系統
D	汽車	R	陶瓷
E	輕軌（鐵道）	S	日用品
F	船舶	T	醫療安全設備
G	鐵和鋼	W	航空
H	有色金屬（非鐵金屬）	X	資訊處理（信息處理）
K	化學	Z	其他
L	纖維		

關於我們所學的圖面規則，主要都是記載在 B 類的「通用機械」與 Z 類的「其他」中。這些分類不必刻意去記，只要當作參考即可。

關於舊制的 JIS 規格

本書所介紹的 JIS 規格是最新版本的 JIS 規格；不過，就實務上而言，仍有部分沿用過去舊制的 JIS 規格。因為儘管 JIS 規格已修訂新版，但許多過去繪製的圖面卻沒有一併跟著修訂，因此當使用舊圖面製造物件時，就等同沿用了舊制的 JIS 規格。

本書也會一併介紹至今仍在使用的舊制 JIS 規格。

公司內部規格也是另一種圖面規則

目前為止雖然說明了接下來將學習的「JIS規格」，但其實圖面還有另一種規格。

那就是公司的內部規格。公司內部規格為視公司內部需求所訂立的規則（規格），只適用於特定公司內部。

不過，這並不表示圖面就得全面依照公司內部規格來製圖，製圖時主要還是以JIS規格為基礎，只有其中一部分的製圖方式要搭配公司內部規格使用。

由於公司內部規格只適用於該公司，所以把圖面拿到公司外部使用時，一定要針對該公司的內部規格加以說明才行。

「簡潔」是圖面規則的基本考量

在日常生活中，當我們想要向別人表達一件不易理解的事情時，往往會為了讓對方聽懂而不斷地重覆說明或者列舉各項事例。

雖然圖面同樣是把資訊傳達給他人的一種手段，但不同於反覆說明、舉例，圖面的基本考量反而是愈「簡潔」愈好。換句話說，資訊不可太過冗長、也不可重覆標示。

當使用一個標示就能令他人充分理解時，就不需要再畫蛇添足。凡是簡潔、簡單的圖面都是好的圖面；反之，重覆標示同一資訊的圖面自然不能稱為是一張好圖面。後續我們會依序介紹相關的具體實例。

充電站 JIS 規格的編號

JIS 規格的每項規格都擁有不同的編號。

規格的編號方式是在「JIS」後面加上「類別代號」（請參考第32頁表1），然後再以「四位數」來編列。

最具代表性的規格編號如以下所示。

表2　主要的JIS規格編號

分類	規格編號	規格名稱	本書說明
基本	JIS Z 8310	製圖總則	全章
	JIS Z 8114	製圖—製圖用語	全章
	JIS Z 8311	製圖—製圖用紙的尺寸以及圖面樣式	第4章
	JIS Z 8312	製圖—標示的一般原則	全章
	JIS Z 8313	製圖—文字	全章
	JIS Z 8314	製圖—尺度	第4章
	JIS Z 8315	製圖—投影法	第1〜2章
	JIS Z 8316	製圖—圖形呈現的原則	第1〜3章
	JIS Z 8317	製圖—標示尺寸與公差的方法	第5〜6章
	JIS Z 8318	製圖—長度尺寸與角度尺寸的容許公差標示方法	第6章
	JIS B 0021	產品的幾何特性規格—幾何公差的圖示方法	第6章
	JIS B 0031	產品的幾何特性規格—表面處理的圖示方法	第7章
特殊零件	JIS B 0002	製圖—螺絲與螺絲零件	第8章
	JIS B 0004	彈簧製圖	第8章
圖面符號	JIS Z 3021	熔接符號	第8章

第 **1** 章

學習在平面上表現立體物件的圖面規則

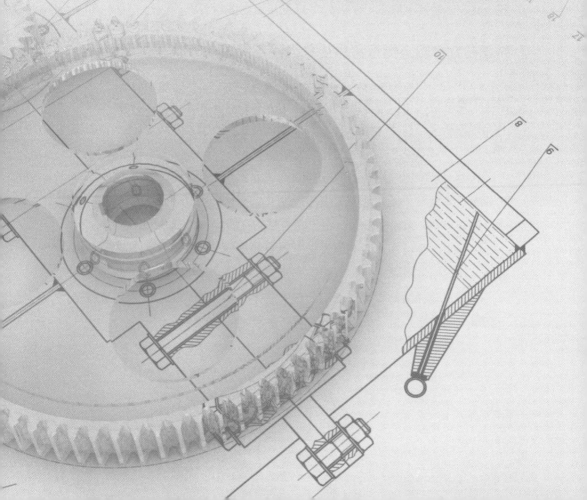

為什麼不直接用簡單易懂的
立體圖呈現就好？

覺得不可思議的事

　　筆者剛出社會時，第一項被指派的工作就是依樣畫葫蘆把前輩畫好的圖面重新繪製出來。明明在學校學過設計，但不管畫了多少次都無法想像出圖面的立體輪廓。而向前輩請教時，前輩卻能輕易地手繪出立體圖。如果是立體圖的話，因為與眼睛所見相似，任何人都可以在腦海裡瞬間塑造出立體形象。

　　當時我就有個疑問，為什麼圖面不乾脆用這種簡單易懂的立體圖呈現就好，何必自找麻煩繪製成這樣複雜的圖面。於是，我試著開始繪製立體圖，並在立體圖上標示尺寸、公差以及表面處理等資訊。

試著在立體圖上標示資訊後發現許多問題

　　結果，許多平常想像不到的問題開始一一浮現。圖面基本上是以水平線與垂直線構成，但是立體圖因為採用大量斜線來繪製，所以在繪製技巧上困難許多。而且標示資訊時，類似倒角這種指向實線的記號也不容易表現出來。

　　其中，最麻煩的問題是像立體圖的背面就無法標示如表面粗糙度之類的資訊，要是看不見的地方又有設計開孔或溝槽時，為了將資訊正確地傳達給對方，就必須再多繪製一張不同視點的立體圖。

　　從上述內容可知，要把乍看之下感覺簡單好懂的立體圖繪製成製造用圖面，其實相當困難。

　　那麼，有容易繪製又易懂的方法嗎？本書後面要介紹的第三角法就是一套集大成之作，是考量了各項因素之後確定可行的圖法。

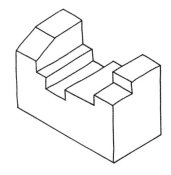

圖9　這個立體圖不能直接當作製造用圖面嗎

如果實際在立體圖上標示資訊的話……

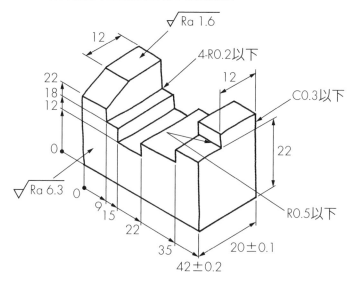

圖10　試著在立體圖上標示資訊

會發現許多缺點。

缺點1）　斜線變多，不好繪製。
缺點2）　難以標示資訊。
缺點3）　背面看不到的表面無法標示資訊（表面粗糙度等）。
缺點4）　無法透過圖面勾勒出背面形狀。

觀察物件的基本視點

如何觀察物件

由於接下來要學習的第三角法[※]是在平面上表現立體概念,所以觀察物件時的視點非常重要,下面將依序詳細介紹。讓我們先以L形的物件為例,看看如何在平面上表現的方法吧。

> 步驟1) 首先在目標物件的正前方平行放置一塊透明玻璃板。
> 步驟2) 然後自己也站在物件正面,從正前方透過玻璃板觀察物件。
> 步驟3) 然後把看到的線條直接描繪在玻璃板上。

依照上述步驟,就可以把形狀如實地繪製在玻璃平面上。

在這個階段,須注意視線要保持在物件的正前方。因為只要稍微傾斜,物件看起來就會是立體的,畫在玻璃平面上也會變成立體圖。

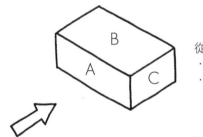

從正前方看的話…
・只看得到A面
・看不到B面和C面。

圖11　從正前方觀看

還有,眼睛不可以距離玻璃板太近,要從遠一點的地方觀察。因為這樣才能使繪製在玻璃板上的尺寸與物件的實際尺寸相近。

※譯注:標準三視圖採用投影箱原理,分成第一角法與第三角法。第三角法起源於美國,是第三角投影法的簡稱,也稱第三象限正投影法。主要是把物體置於第三象限內作投影,同時不論從任何方向做正投影,投影面皆置於物體的前面。因此形成觀察者(視點)→投影面→物體的順序。

【步驟1】 在物件旁邊平行放置透明玻璃板。
【步驟2】 從正前方觀察物件。

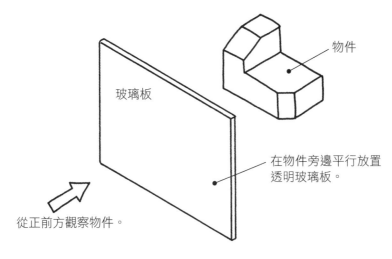

物件

玻璃板

在物件旁邊平行放置
透明玻璃板。

從正前方觀察物件。

圖12 放置玻璃板

【步驟3】 在玻璃板上描繪所有看到的線條。

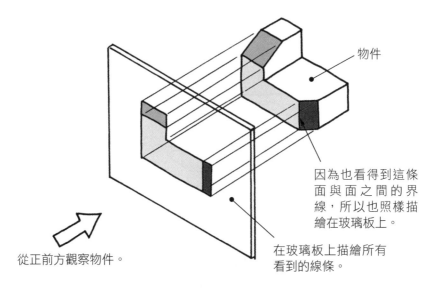

物件

因為也看得到這條
面與面之間的界
線，所以也照樣描
繪在玻璃板上。

從正前方觀察物件。

在玻璃板上描繪所有
看到的線條。

圖13 依照所見如實地描繪線條

換個角度觀察

　　透過前述的作業程序，我們已經可以繪製出物件的正面。不過，這僅僅呈現出物件其中一個面向，還無法了解整體形狀。因此，我們要善用第三角法，從各個方向觀察並繪製圖面，然後整合在一起藉此勾勒出整體形狀。

●再來從物件的右側觀察。

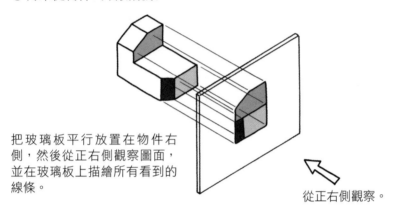

把玻璃板平行放置在物件右側，然後從正右側觀察圖面，並在玻璃板上描繪所有看到的線條。

從正右側觀察。

圖14　從正右側觀察

●接著是從物件的上方觀察。

從正上方觀察。

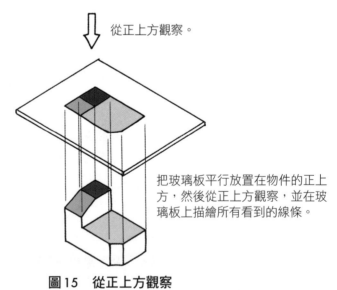

把玻璃板平行放置在物件的正上方，然後從正上方觀察，並在玻璃板上描繪所有看到的線條。

圖15　從正上方觀察

同樣的步驟也適用於圓形。

●從正前方觀察。

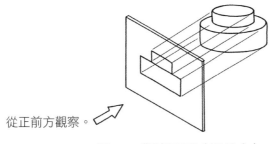

從正前方觀察。

圖16 觀察圓形（正前方）

●從正側面觀察。

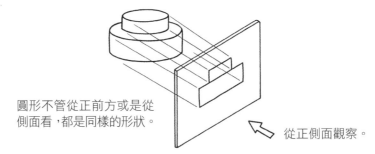

圓形不管從正前方或是從
側面看，都是同樣的形狀。

從正側面觀察。

圖17 觀察圓形（正側面）

●從正上方觀察。

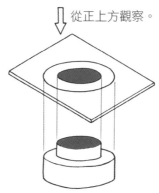

從正上方觀察。

圖18 觀察圓形（正上方）

實線與虛線（隱藏線）

在進入下一個階段之前，在這裡要先介紹「實線」與「虛線（隱藏線）」這兩條極為重要的線段種類。

「實線」為圖面中最基本的線，主要是用來畫出眼睛所能看見的形狀。而「虛線」則是用來畫出眼睛看不見的部份。雖然眼睛無法直接看到背後，但可以透過透視，用虛線畫出另一端的面或線。

因為這種線是畫出背後隱藏的部分，所以也稱之為「隱藏線」。

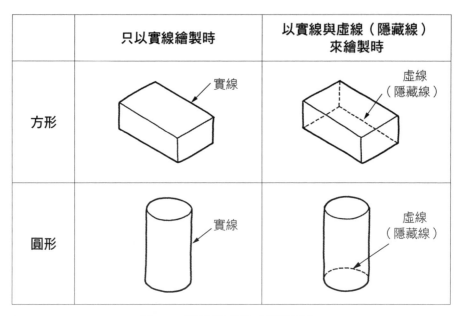

	只以實線繪製時	以實線與虛線（隱藏線）來繪製時
方形	實線	虛線（隱藏線）
圓形	實線	虛線（隱藏線）

圖19　實線與虛線（隱藏線）

因為上述兩個範例皆屬於簡單的基本形狀，所以即使沒畫虛線也不至於無法理解；不過，要是形狀像圖20這樣，在背面看不見的部份有經過加工處理的話，此時就必須以虛線（隱藏線）來確實傳達資訊才行。

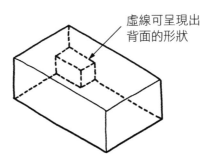

虛線可呈現出
背面的形狀

圖20　虛線（隱藏線）

　　在玻璃板上畫線時，對於看不見的部份同樣要繪製虛線。如下例所示，從右側觀察時，因為能看見所有形狀，所以只要以實線繪製即可；反之，從左側觀察時，因為有無法直接看見的部分，所以同時也必須以透視方式畫出虛線。

＜從右側面觀察＞

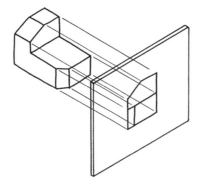

因為能直接看見全部，
所以只繪製實線。

＜同一個物件，從左側面觀察＞
無法直接看見的部分，以虛線呈現。

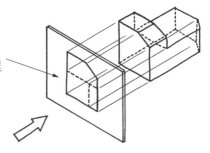

圖21　右側面與左側面的不同

學習第三角法的規則

罩上玻璃箱

本篇讓我們來看看第三角法的步驟。第三角法就是活用前述用來觀察物件的視點。

步驟1） 準備玻璃箱，直接罩住物件。

（前述是採用玻璃板，現在則改成玻璃箱）

步驟2） 從正前方、正側面、正上方觀察，然後把看見的線條繪製在各面向的玻璃板上。也就是繪製三個方向。

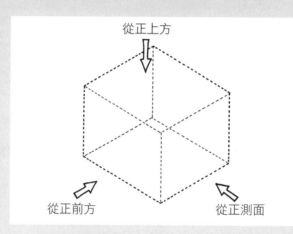

步驟3） 接著，要把玻璃箱拆開攤平。此時，正前方的這一塊玻璃板固定不動，攤開正側面與正上方的玻璃板即可。當這兩面玻璃板與正前方的玻璃板形成同一平面時，三塊玻璃板就會形成一塊L形的平面。

步驟4） 把整塊L形玻璃板放在桌上，然後根據玻璃板上所畫的線條一五一十地繪製到紙張上，便形成了第三角法的圖面。也就是說，我們把三個方向所看到的圖形排列成L形。

這就是第三角法的圖面。讓我們一起看看具體步驟。

【步驟1】 準備玻璃箱，將物件罩住。

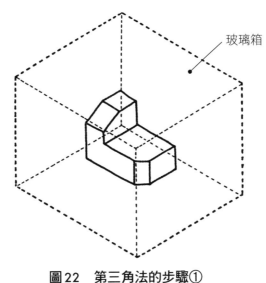

玻璃箱

圖22　第三角法的步驟①

【步驟2】 從正前方、正側面、正上方觀察，然後把看見的線條繪製在各
方向的玻璃板上。

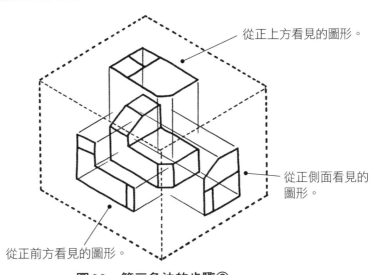

從正上方看見的圖形。

從正側面看見的
圖形。

從正前方看見的圖形。

圖23　第三角法的步驟②

【步驟3】 接著，要把玻璃箱拆開攤平。

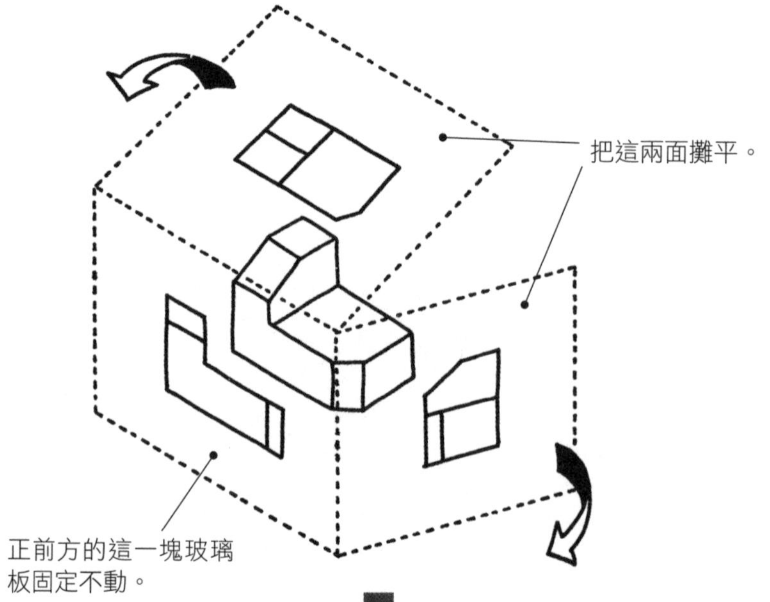

把這兩面攤平。

正前方的這一塊玻璃
板固定不動。

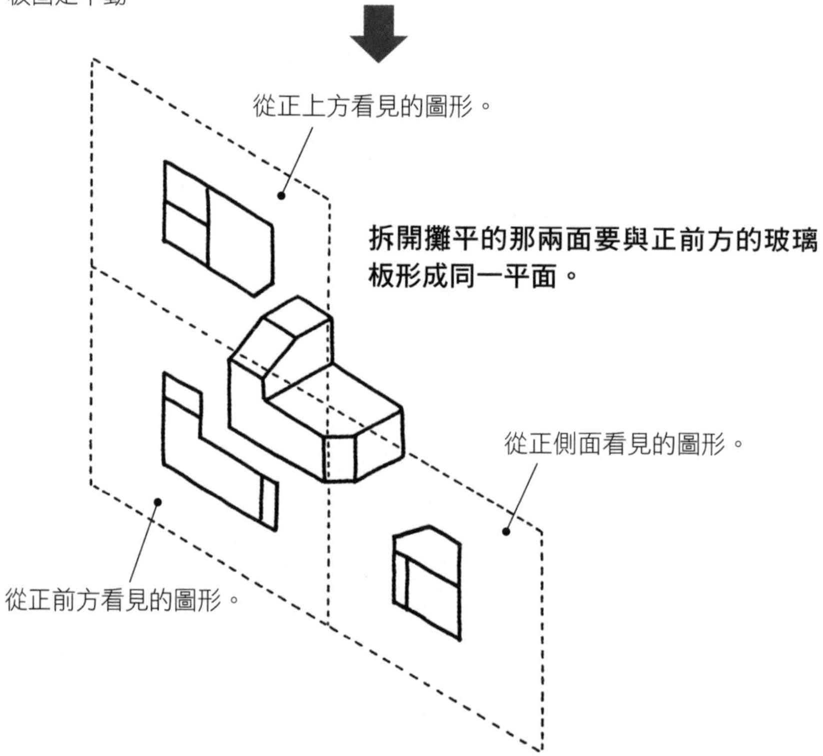

從正上方看見的圖形。

拆開攤平的那兩面要與正前方的玻璃
板形成同一平面。

從正側面看見的圖形。

從正前方看見的圖形。

圖24　第三角法的步驟③

【步驟4】 把整塊L形玻璃板放在桌上，然後根據玻璃板上所畫的線條一五一十地繪製到紙張上，便形成了第三角法的圖面。

從正上方看見的圖形
（平面圖，又稱俯視圖、上視圖）

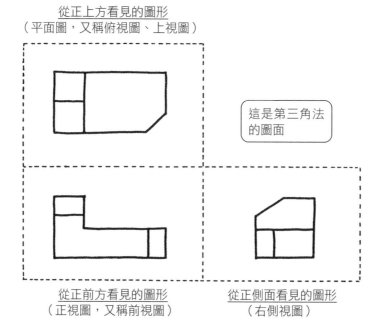

這是第三角法的圖面

從正前方看見的圖形
（正視圖，又稱前視圖）

從正側面看見的圖形
（右側視圖）

圖25 第三角法的步驟④

圖面名稱

圖面依照觀看視角分別稱為從正前方看的正視圖（前視圖）、從正側面看的側視圖。

從右邊看的側視圖稱為右側視圖，從左邊看的側視圖稱為左側視圖。以上述範例來看，因為是從右邊看的視角，所以稱為右側視圖。

從正上方看的圖面稱為平面圖。但由於平面圖的稱呼容易使人產生混淆，所以在實務上也用較容易理解的俯視圖或上視圖稱呼。

試著從六個視角繪製

方才的範例，我們是繪製六個視角中的其中三個視角。接下來讓我們試著從六個視角繪製看看吧。

繪製方法與前述步驟一樣。

步驟1） 準備玻璃箱，將物件罩住。

步驟2） 這次是分別從六個視角觀察，然後把看見的線條繪製在各面向的玻璃板上。

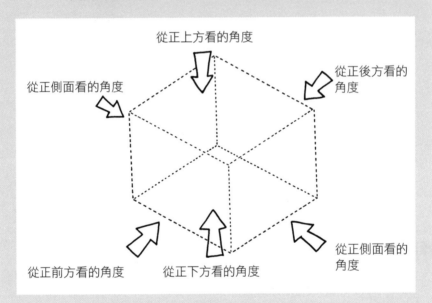

步驟3） 當繪製完成以後，正視圖（前視圖）固定不動，然後把其他五張圖攤開。

步驟4） 當六張圖形成同一平面時，將玻璃板放在桌上，並且把圖形轉繪到紙上。

然後，右邊的例子中，步驟2）是利用剛才學習過的透視畫法來繪製，所以在「從正下方看的圖形」、「從左側看的圖形」以及「從正後方看的圖形」這三張圖當中所呈現的虛線是代表看不見的部份。

【步驟1】　準備玻璃箱，將物件罩住。

【步驟2】　分別從六個視角觀察，然後把看見的線條繪製在各面向的玻璃板上。

【步驟3】　只固定正視圖（前視圖），然後把其他五張圖攤開。

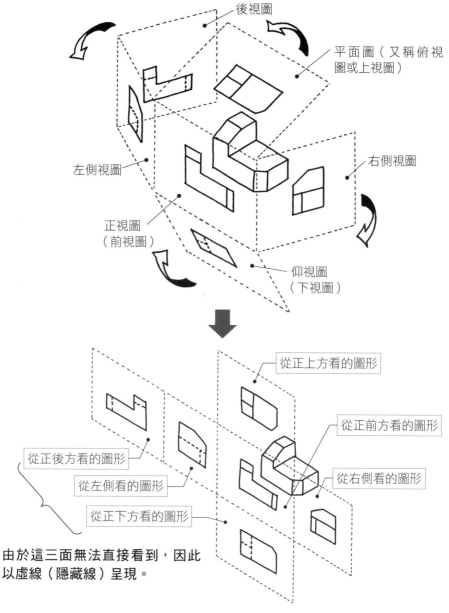

由於這三面無法直接看到，因此以虛線（隱藏線）呈現。

圖26　呈現六個視角的步驟①

49

【步驟 4】 將這塊玻璃板放在桌上，並將上面的圖形轉繪在紙上後，便形成了圖面。

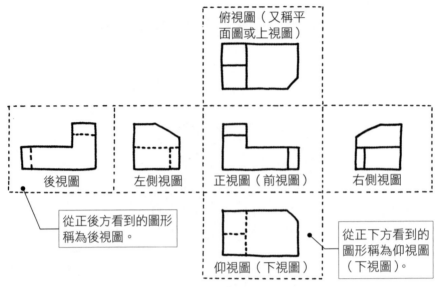

圖 27　呈現六個視角的步驟②

排除雷同的圖面

　　仔細觀察上圖後，會發現有好幾張相似的圖面。

1）正視圖（前視圖）與從正後方看的後視圖左右對稱。

2）右側視圖也與左側視圖左右對稱。

3）從正上方看的俯視圖也與從正下方看的仰視圖上下對稱。

　　這三個圖面裡的實線與虛線（隱藏線）雖然各有所異，但全部都是左右或上下對稱的圖形。

　　因此，即使閱圖者缺少了另一邊對稱的圖形，也不會影響理解。此時，我們可以遵循序論中所介紹的「簡潔」規則「不重覆標示資訊」，只標示對稱圖中的其中一面即可。這樣一來，圖面就會剩下之前所介紹的三個面向（正視圖、右側視圖、俯視圖）。由於最後是以三面呈現，故稱做三視圖。

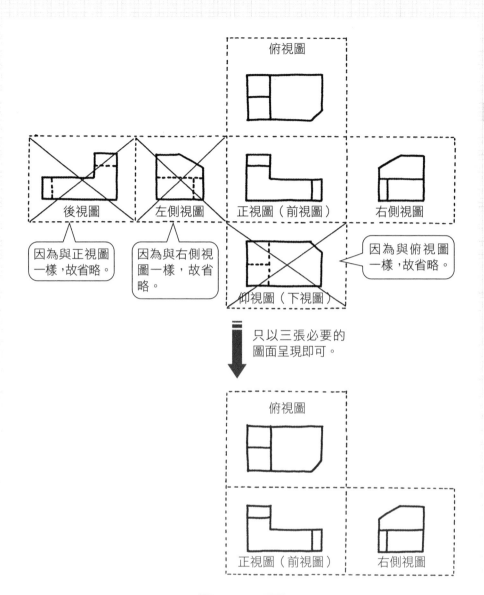

俯視圖

後視圖　　左側視圖　　正視圖（前視圖）　　右側視圖

因為與正視圖一樣，故省略。

因為與右側視圖一樣，故省略。

仰視圖（下視圖）

因為與俯視圖一樣，故省略。

只以三張必要的圖面呈現即可。

俯視圖

正視圖（前視圖）　　右側視圖

圖28　三視圖

圖面必須保持「簡潔」的理由

圖面上避免重覆標示資訊，並且要彙整以「簡潔」的方式呈現，有其背景：

1）對閱圖者來說，圖面愈簡潔愈易懂。
2）明明用三視圖就足以充分表達，如果還刻意從六個視角製圖，等於浪費設計者的時間。
3）六個視角全部以圖面呈現的話，圖面尺寸會變得相當大，造成使用上的不便。

以上三點便是圖面為何需要「簡潔」的原因。

圖面數量保持在必要的最低限度

由於大多數的物件都可以藉由正面、側面、上方這三個視角的圖面來理解，所以三視圖最廣為應用。

另外，如果從一個面向便能夠充分表達形狀的話，那麼只要繪製出該視角的圖面即可。實際上，圓柱狀與板狀便常常只用正視圖一個圖面呈現（請參考第五章）。

不過，有一點必須注意的是倘若三視圖難以完整表達出整體形狀時，必須要改以四視圖、五視圖或六視圖來輔助。

也就是說，當繪製圖面的設計者在繪製圖面時，必須考慮到如何兼顧簡潔卻又確實地以最低限度的圖面數量，將資訊傳達給閱圖者。

以剛才所介紹的範例來看，假設物件內部具有長溝槽，那麼此時最好改用包含仰視圖（下視圖）在內的四視圖較能傳達完整的資訊，

四視圖的範例如下一頁的圖29所示。

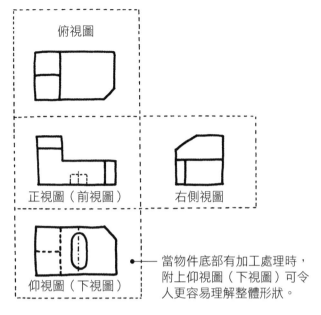

當物件底部有加工處理時，
附上仰視圖（下視圖）可令
人更容易理解整體形狀。

圖29　四視圖的範例

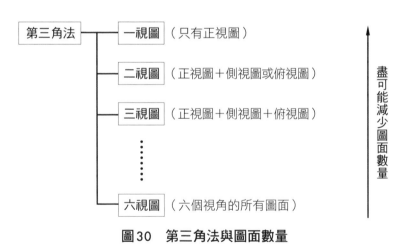

圖30　第三角法與圖面數量

更深入了解第三角法

凡是以第三角法繪製，無論從哪一個視角，線段的位置一定都會互相對應。

舉正視圖與側視圖來說，如果把正視圖的底部往水平方向移動，會發現與側視圖的底部互相吻合。

同樣地，不管是正視圖和俯視圖、或者是側視圖和俯視圖也好，其外形位置與加工面的位置也都會彼此對應。如下圖所示，雖然在正視圖、右側視圖、俯視圖中都各自標示出了立體圖A點的位置，但這些A點其實都指向同一個位置，也就是說彼此間要能互相對應。

要是這個應該要互相對應的點有所出入，那麼便是製圖上有所瑕疵。

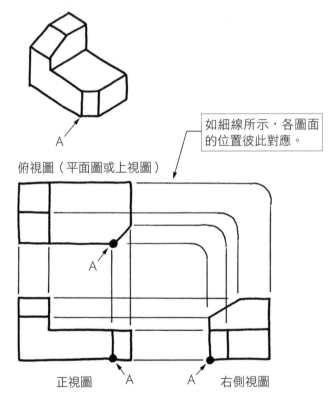

如細線所示，各圖面的位置彼此對應。

俯視圖（平面圖或上視圖）

A

正視圖　　　A　　　A　　右側視圖

圖31　各圖面的位置關係

哪一面才是正面？

到目前為止的說明，我們一直很自然地使用正視圖這個名詞。不過，到底哪一面才算是物件的正面呢？原則上，最能完整呈現出物件形狀的便是正面。有時候會與我們日常生活中對正面的認知有所不同。

用車子來舉例。一般來說，通常我們會把頭燈那邊當作正面，但圖面則是以有門的側邊為正面。

理由是從車門這邊可以獲得較多的資訊。因為光是透過車門這一面，就能夠得知這是一台兩門車還是四門車；是轎車、跑車又或是旅行車。

相反地，透過車頭那一面幾乎無法取得上述資訊，所以圖面上所採用的正面才會與我們平時所認知的不同，而是以車門那一面做為正面。

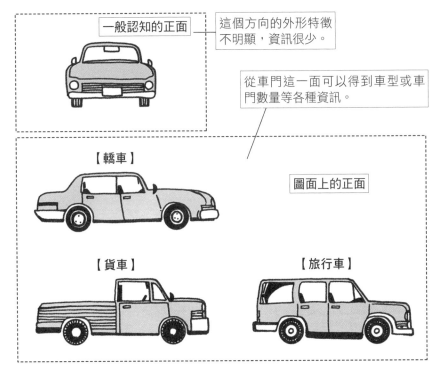

圖32　正視圖

練習各種範例

接著，我們介紹8種範例。把立體圖上箭頭所指的方向當作正面，並確認8種範例的三視圖各會形成哪些圖形。

範例1　方形

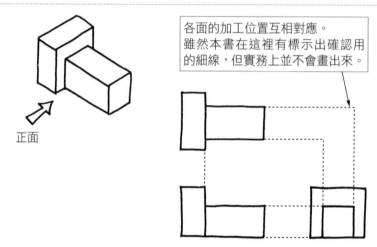

各面的加工位置互相對應。
雖然本書在這裡有標示出確認用的細線，但實務上並不會畫出來。

圖33　三視圖範例①

範例2　軸形

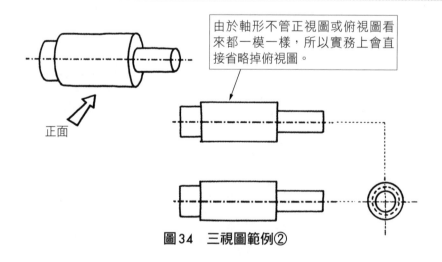

由於軸形不管正視圖或俯視圖看來都一模一樣，所以實務上會直接省略掉俯視圖。

正面

圖34　三視圖範例②

範例3　有斜面的形狀（1）

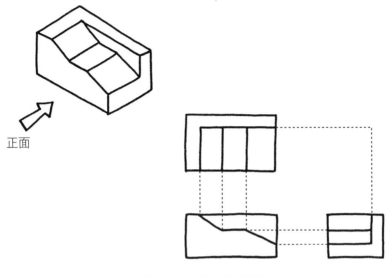

正面

圖35　三視圖範例③

範例4　以左側視圖表現的形狀

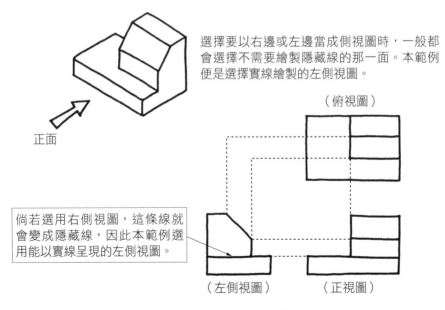

正面

選擇要以右邊或左邊當成側視圖時，一般都
會選擇不需要繪製隱藏線的那一面。本範例
便是選擇實線繪製的左側視圖。

（俯視圖）

倘若選用右側視圖，這條線就
會變成隱藏線，因此本範例選
用能以實線呈現的左側視圖。

（左側視圖）　　　（正視圖）

圖36　三視圖範例④

範例5　凹形

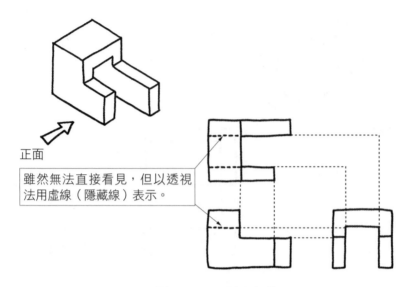

正面

雖然無法直接看見，但以透視法用虛線（隱藏線）表示。

圖37　三視圖範例⑤

範例6　不規則形狀

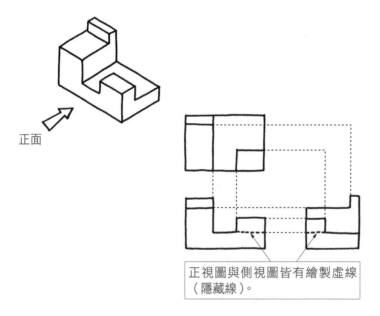

正面

正視圖與側視圖皆有繪製虛線（隱藏線）。

圖38　三視圖範例⑥

範例7　有斜面的形狀（2）

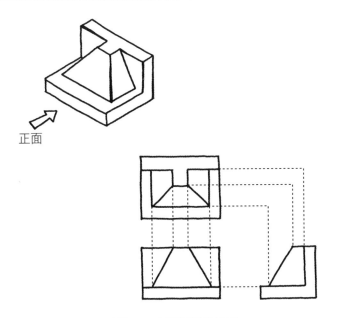

正面

圖39　三視圖範例⑦

範例8　有斜面的形狀（3）

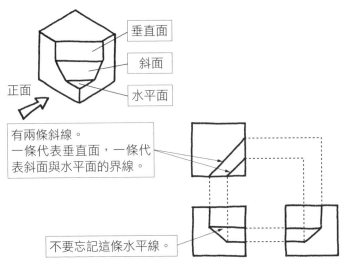

垂直面

斜面

水平面

正面

有兩條斜線。
一條代表垂直面，一條代表斜面與水平面的界線。

不要忘記這條水平線。

圖40　三視圖範例⑧

中心線的使用方法

表示中心點與中心軸的位置

學習過實線與隱藏線以後，這裡我們再多學習另一條重要的線段——「中心線」。

中心線又稱為節線（鏈線），用來標示圖形的中心點，這是由點線交互排列所形成的線段。

具體運用於以下三種場合。

1）代表圓的中心點。
2）代表圓柱狀的中心軸。

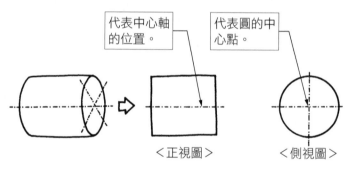

代表中心軸的位置。
代表圓的中心點。
＜正視圖＞　　＜側視圖＞

圖41　軸形的中心線

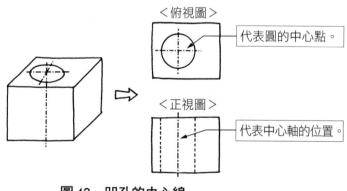

＜俯視圖＞
代表圓的中心點。
＜正視圖＞
代表中心軸的位置。

圖42　凹孔的中心線

3）代表左右對稱或上下對稱時的中心軸。

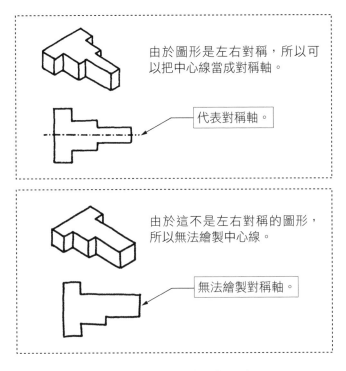

由於圖形是左右對稱，所以可以把中心線當成對稱軸。

代表對稱軸。

由於這不是左右對稱的圖形，所以無法繪製中心線。

無法繪製對稱軸。

圖43　對稱形狀的中心線

線的種類

我們把到目前學習的三種線段彙整如下。

表3　線的種類

種類	線形	用途	說明
實線（外形線，也稱為輪廓線）	————————	用來繪製看得見的形狀	連續直線
虛線（隱藏線）	- - - - - - -	用來繪製看不見的形狀	短直線間隔排列形成的線段
節線（鏈線）	—·—·—·—·—	中心線	點與線段交互排列形成的線段

充電站 第一角法與第三角法

　　日本的JIS規格除了記載了第三角法以外，也有關於第一角法的規定。在這裡簡單做個介紹。

　　透過第1章所學習的物件觀察視角、繪製在玻璃板上的畫法以及分解玻璃箱的方法，可歸納出第一角法、第二角法、第三角法、第四角法等四種製圖法。

　　關於以上四種製圖法在這裡不多加詳述；不過第二角法、第四角法只是理論上行得通，實務上並不適用，因此幾乎沒有人採用。

　　剩下的就是第一角法和第三角法。第三角法為流行於美國的製圖法，相較於歐洲流行的第一角法，第三角法比較能夠直覺性地掌握，所以受到各國廣泛應用，日本也是幾乎都用第三角法來製圖。

　　不過，為何日本未採用的第一角法會出現在日本工業標準的JIS規格中呢？其實是因為原本規定用第三角法製圖的JIS規格為了順應工業國際化的潮流，於一九九九年進行大幅修訂，以符合國際標準化機構（ISO）的全球通用規格。由於ISO承認這兩種製圖法，所以日本的JIS規格也修訂成一樣的內容。

　　所以，對接下來剛要學習閱圖的讀者們來說，只要先確實理解第三角法就好，第一角法目前尚無學習的必要。

第 2 章

看圖面想像立體形狀

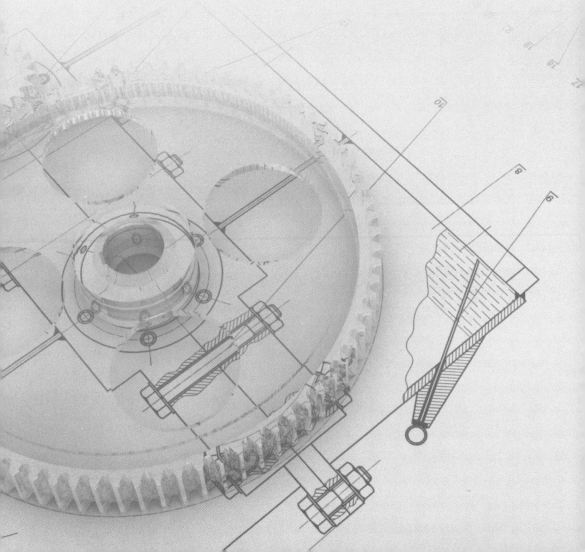

從繪製立體圖學起

本章學習重點

　　在第一章中，我們學習到如何把立體圖轉換成第三角法的方法。而本章則是著重在如何透過第三角法的圖面來勾勒出立體形狀，這也是我們學習閱圖的主要目的。

　　為了最終能夠瞬間在腦海中勾勒出立體形狀，剛開始讓我們先一邊想像圖案一邊試著在紙上描繪出來。事實上，在紙上繪製立體形狀的順序與在腦海中想像的順序幾乎完全相同。

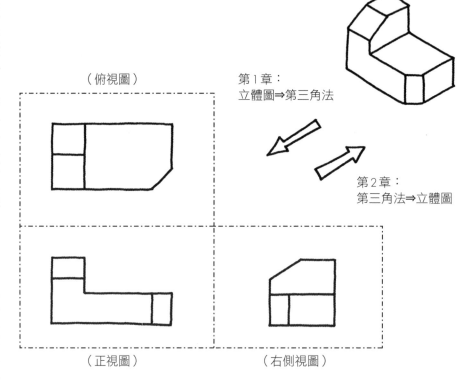

（俯視圖）

第1章：
立體圖⇒第三角法

第2章：
第三角法⇒立體圖

（正視圖）　　　　（右側視圖）

圖44　第三角法與立體圖

等角投影圖（立體圖）的特徵

　　首先，我們要先學習立體圖的繪製方法。雖然學習繪製立體圖並非是本書的重點；不過，對於培養立體概念來說，是相當有效的方法。

　　繪製立體圖的方法有很多，在這裡我們介紹比較容易繪製、實務上也經常用於繪製草圖等的等角投影圖（Isometric projection）。

規則1） 寬度軸與深度軸要與水平軸成30度角。
規則2） 相距再遠也要畫成等長。

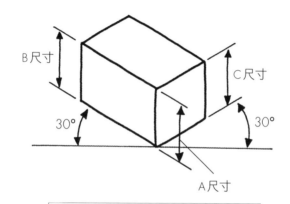

┌─────────────────────────────────────┐
【規則1】 與水平軸成30度角。
【規則2】 即使相距再遠也要等長。
　　　　　　（A尺寸=B尺寸=C尺寸）
└─────────────────────────────────────┘

圖45　等角投影圖

等角投影圖（立體圖）與眼睛所見不同

在此，我們補充說明規則（2）的內容。當我們實際觀察一個物件時，可以發現即使實際長度不變，距離愈遠，視覺上看起來就愈短。例如當我們站在一棟摩天大廈等建築物的前面，跟眼前這一端比較起來，內部愈深處看起來就愈短小。

一般繪畫類所採用的畫法都是如此；不過，這種畫法要是運用到立體圖上，就會使繪製作業變得十分複雜。因為光是要繪製一個單純的立方體，其各線條的角度都完全不同。因此，為了簡化繪製作業，我們可以採用等角投影的畫法。

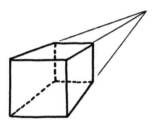

當我們看著立體物件時，實際上是呈現這個模樣。（稱為透視投影圖）
不過，這種製圖方法非常麻煩，一般較少採用。

圖46　透視投影圖

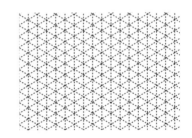

一般的方格紙是水平線，而斜方格紙的線則是與水平線成30度傾斜。

圖47　斜方格紙

要是每次描繪30度角都要使用量角器來輔助，那麼整個繪製作業就會變得十分麻煩，因此製圖時請盡量避免使用量角器，即使角度畫得有點偏差也無妨。另外，雖然畫線也可以用尺輔助，但是為了養成隨時隨地都能徒手畫出直線的工夫，建議最好還是要以徒手繪製（freehand）為主。

萬一無論如何也無法習慣、或總覺得畫不好時，也可以考慮採用市面上銷售的一種「斜方格紙」來繪製，這是預先以傾斜30度角的淺色線條印成的專業用紙。（縱向使用斜方格紙時，與水平成60度角；橫向使用時則為30度角）

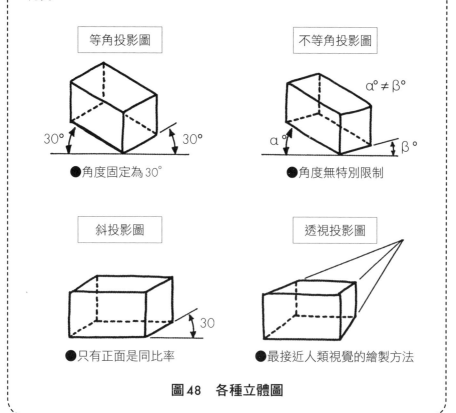

充電站 各種立體圖

立體圖除了等角投影圖以外，還有其他多種繪製方法。請參考以下範例。

等角投影圖

30° 30°
●角度固定為30°

不等角投影圖

α° ≠ β°

α° β°
●角度無特別限制

斜投影圖

30
●只有正面是同比率

透視投影圖

●最接近人類視覺的繪製方法

圖48　各種立體圖

運用木雕的思考方式

以木雕要領來練習

先用一種筆者稱做「木雕方法」的方式來試著勾勒立體形狀看看。在進行木頭雕刻時，首先要先準備好材料，然後慢慢地把不必要的部分削掉，削到最後剩下的部份便是完成品了。這也是勾勒立體形狀時的要領。

勾勒立體形狀的四大步驟

勾勒立體形狀總共有四大步驟。依序如下。

步驟1） 描繪立方體。

步驟2） 在立方體的各個面描繪線條。

步驟3） 描繪隱藏線。

步驟4） 去除多餘的線後便大功告成。

以下為具體範例。讓我們依照這四大步驟來勾勒下圖的立體形狀。

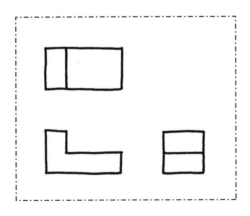

圖49　樣品形狀

步驟 1）描繪立方體

　　現在我們要運用剛剛學習的等角投影圖來描繪立方體。此時，立方體的寬度、深度、高度雖然要同三視圖上的比率來繪製，但因為這個步驟的主要目的只是要先勾勒出外觀形狀，所以各線條的長度精準與否，先不用那麼講究。

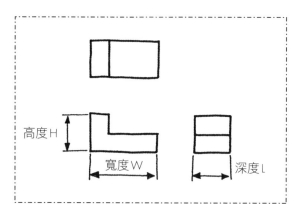

立方體的寬度、深度、高度以差不多同比率繪製。

【繪製立方體的方法】

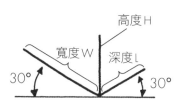

1）先描繪出基本的三條線。

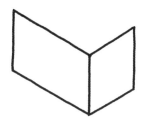

2）然後再以（1）的三條線為基礎各畫出平行的線。

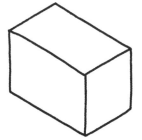

3）當所有線條都描繪完成以後，便形成一個立方體。

圖 50　描繪立方體

步驟2）在立方體的各個面描繪線段

●正視圖（前視圖）

第二個步驟要從正視圖切入。首先，我們先看著三視圖中的正視圖，然後依樣描繪出外觀形狀以外的線。為何是外觀形狀以外的線呢，因為外觀形狀在步驟1）中已經先描繪完成了。以下圖來說，外觀形狀以外的線就是指L形的那兩條線，所以我們要把這兩條線畫在立方體的正面。

其中正視圖的水平線要傾斜30度再畫到立方體上，垂直線則直接轉繪即可。

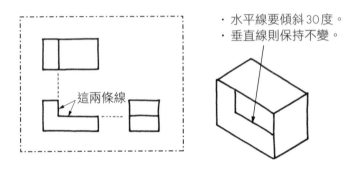

・水平線要傾斜30度。
・垂直線則保持不變。

這兩條線

圖51　描繪正視圖的線條

●側視圖

接著是側視圖。屏除外觀形狀，還有一條水平線要畫到立方體的側面。至於要描繪在什麼位置，其實答案很明顯。因為之前已經把正視圖的L形線條畫好了，這條水平線只要畫在L形線條的右邊，並傾斜30度角即可。

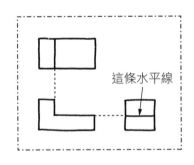

這條水平線

圖52　描繪側視圖的線段

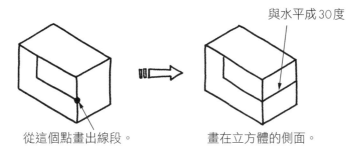

與水平成30度

從這個點畫出線段。　　　　　　　畫在立方體的側面。

接續圖52　在立方體上畫出線段

●俯視圖（平面圖或上視圖）

　　從上方俯視的平面圖中，有一條外觀形狀以外的線。我們也要把這條線描繪至立方體上。此時，與描繪側視圖時相同，可以很輕易地判斷出要描繪的位置。我們從立方體正面所描繪的L形線上方拉出一條傾斜30度的線段後，三視圖上的所有線條就全部描繪到立方體上了。

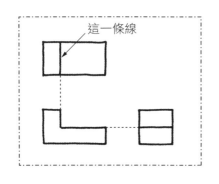

這一條線

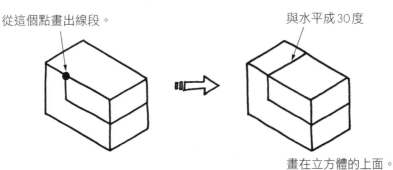

從這個點畫出線段。　　　　　　　與水平成30度

畫在立方體的上面。

圖53　描繪俯視圖的線條

步驟3）描繪隱藏線

　　隱藏線顧名思義就是用來描繪隱藏部位的線。原本應該要以虛線表示；不過，這裡我們為了讓讀者們容易理解，特地改繪成實線。

　　由於三視圖的正視圖中並沒有右上角，所以同樣地我們也要把立方體的右上角去除。而為了辨識出這個該去除的部分，事先要以隱藏線表現出來。甚至畫隱藏線時也有訣竅。隱藏線要分別從左點、上點、右點這三點延伸出去。

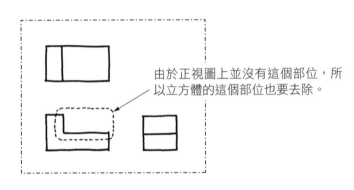

由於正視圖上並沒有這個部位，所以立方體的這個部位也要去除。

為了去除這個部位，必須事先畫出隱藏線。

從下圖的三點拉出立方體的隱藏線。

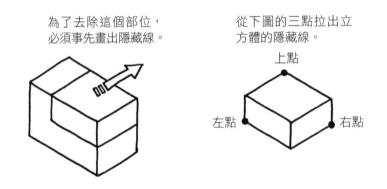

上點

左點　　　右點

圖54　隱藏線的畫法

（1）從左點拉出的隱藏線

　　此時我們要從左點向右拉出一條與水平成30度角的線。在還不習慣畫
立方體的時候，畫超出立方體也無妨。

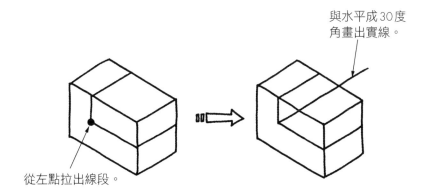

與水平成30度
角畫出實線。

從左點拉出線段。

圖55　從左點拉出的隱藏線

（2）從上點拉出的隱藏線

　　接著，要從上點向下拉出一條垂直線。這條垂直線要與剛才那條傾斜
30度角的線互相連接，並止於交叉處。

從上點拉出線段。

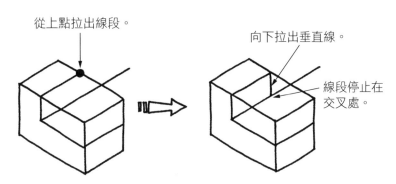

向下拉出垂直線。

線段停止在
交叉處。

圖56　從上點拉出的隱藏線

（3）從右點拉出的隱藏線

　　然後，再從右點向左拉出一條與水平成30度角的線。這條線會連接到剛才畫好的兩線交接處，此刻止於交接處即可。這麼一來，這三條線便會交錯於同一點。

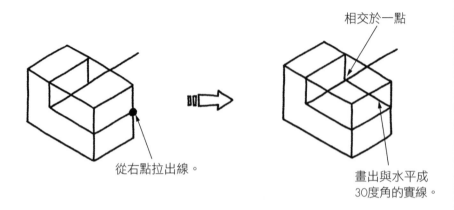

相交於一點

從右點拉出線。

畫出與水平成
30度角的實線。

圖57　從右點拉出的隱藏線

（4）最後，把一開始畫超出的線去除。

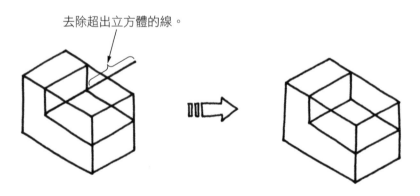

去除超出立方體的線。

圖58　去除多餘的隱藏線

步驟4）去除多餘的線段後便大功告成

　　由於此範例的右上部位是空的，所以去除多餘的線段後，立體圖便大功告成。

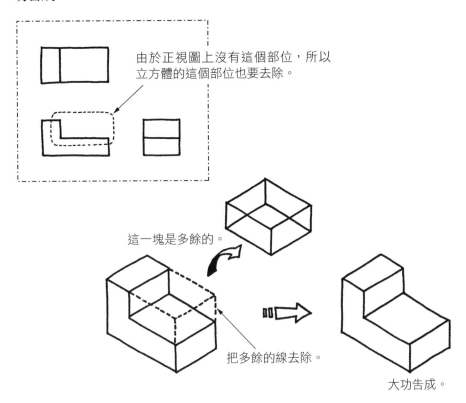

由於正視圖上沒有這個部位，所以立方體的這個部位也要去除。

這一塊是多餘的。

把多餘的線去除。

大功告成。

圖59　完成圖

【重要】
・本範例逐項說明與繪製，目的是希望讀者們最終能直接以相同的步驟在腦海中順利想像出立體圖。

更多案例練習

範例1　凹狀

　　讓我們試著繪製各種不同形狀的立方體吧。

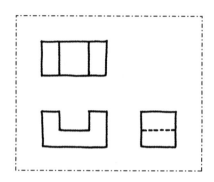

圖60　樣品形狀①

●步驟1）繪製立方體；步驟2）描繪各個面的線。

　　這裡不需要描繪右側視圖的隱藏線。

　　（這條隱藏線代表正視圖的凹槽）

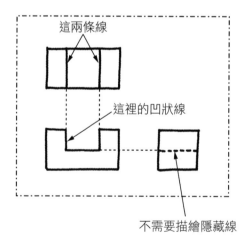

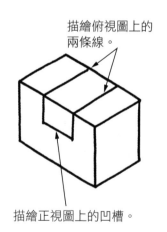

圖61　在立方體上描繪線段

●步驟3）描繪隱藏線。

從這個上點向下
拉出垂直的線。

因為本範例無法看見右點，所以直接
從交接處拉出與水平成30度角的線。

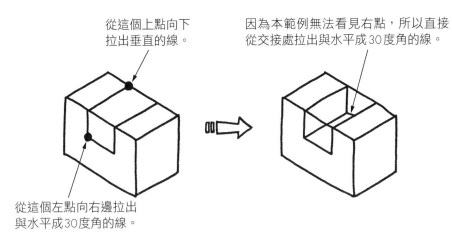

從這個左點向右邊拉出
與水平成30度角的線。

圖62　描繪隱藏線

●步驟4）把多餘的線去除後便大功告成。

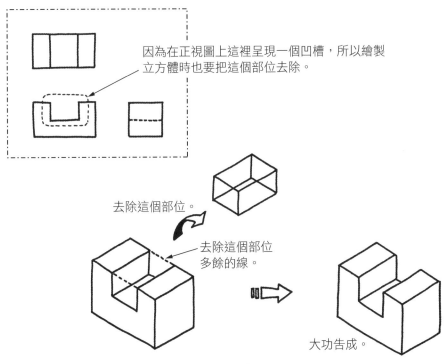

因為在正視圖上這裡呈現一個凹槽，所以繪製
立方體時也要把這個部位去除。

去除這個部位。

去除這個部位
多餘的線。

大功告成。

圖63　完成圖

範例2　包含斜面的形狀（1）

接著，我們繼續挑戰有斜面的物件。

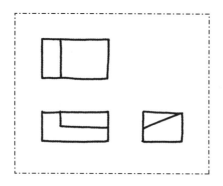

圖64　樣品形狀②

●步驟1）繪製立方體；步驟2）描繪各個面的線段。

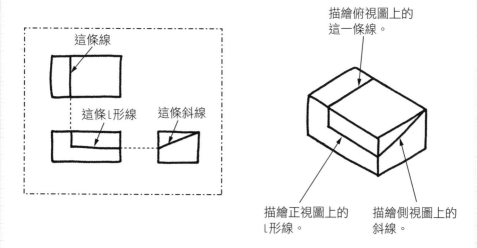

圖65　在立方體上描繪線段

●步驟3）描繪隱藏線。

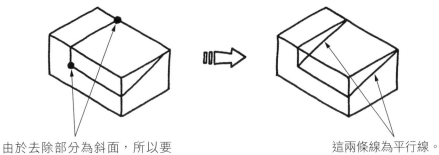

由於去除部分為斜面，所以要
連接這兩個點。

這兩條線為平行線。

圖66　描繪隱藏線

●步驟4）把多餘的線去除後便大功告成。

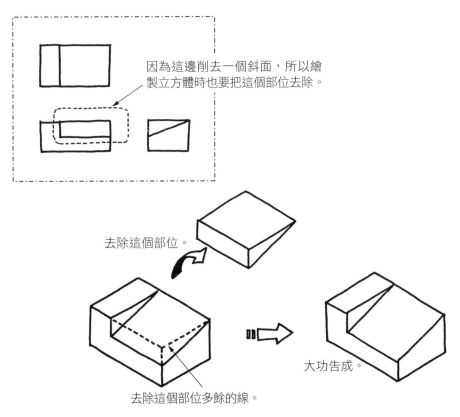

因為這邊削去一個斜面，所以繪
製立方體時也要把這個部位去除。

去除這個部位。

大功告成。

去除這個部位多餘的線。

圖67　完成圖

範例3　包含斜面的形狀（2）

接著，讓我們再次挑戰與範例2雷同的形狀。

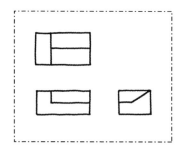

圖68　樣品形狀③

●步驟1）繪製立方體；步驟2）描繪各個面的線。

不過，本範例因為俯視圖上的線與側視圖的線連接不起來，所以看起來不太自然。此時，我們要回到三視圖再次確認，確認俯視圖上這條不自然的線會連接到側視圖的哪個位置。當再次確認以後，就能發現這條線並不是連接到側視圖的上方，而是連接斜面與水平面的交界點。

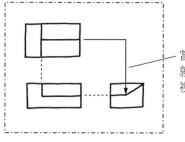

當線看起來如下圖般不自然時，就要再次確認這條線是連接到側視圖的哪個位置。

因為上面描繪的線並沒有連接到側面，所以看起來不太自然。

對照三視圖便可得知實際上是對應這個位置。

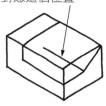

修正

圖69　在立方體上描繪線段

●步驟3）描繪隱藏線。

此範例的隱藏線便是將三點連接起來。連接後會與側面平行。

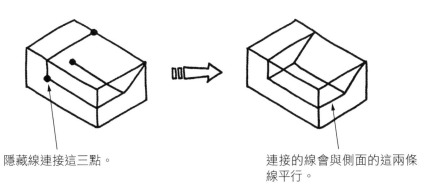

隱藏線連接這三點。

連接的線會與側面的這兩條
線平行。

圖70　描繪隱藏線

●步驟4）把多餘的線段去除後便大功告成。

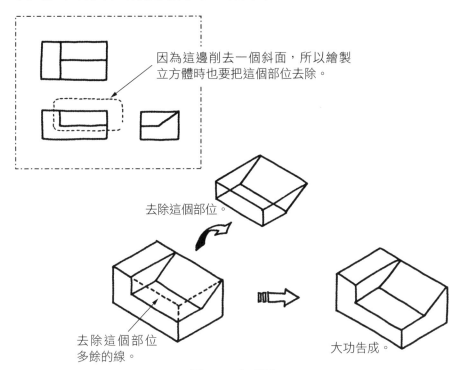

因為這邊削去一個斜面，所以繪製
立方體時也要把這個部位去除。

去除這個部位。

去除這個部位
多餘的線。

大功告成。

圖71　完成圖

範例4　L形

以下為應用篇。

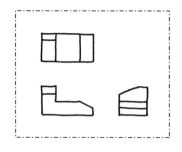

圖72　樣品形狀④

●步驟1）繪製立方體；步驟2）描繪各個面的線。

　　以這個圖形來說，無論正視圖、側視圖或俯視圖，可以發現相鄰面之間有好幾條線都無法互相連接。此時，便不能一次去除所有多餘的部位，而是要分次逐步地去除。由於正視圖的L形最能夠看出這個形狀的特徵，所以我們一開始只要把注意力集中在這個L形就好。大致上可依照下面兩個步驟來進行：①先描繪出L形，②再畫上其他剩餘的線。

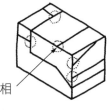

因為相鄰面上的線段沒有互相
連接，所以看起來不太自然。

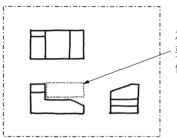

為了描繪出L形，首先
要先去除掉立方體的這
個部位。

圖73　逐步去除掉多餘的部位

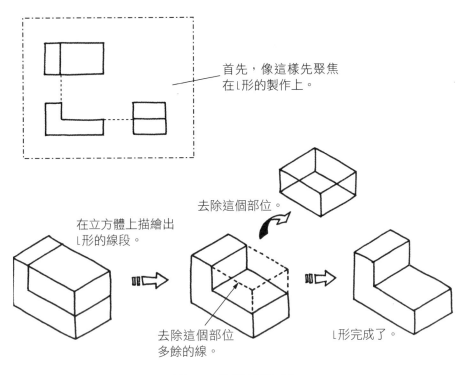

首先，像這樣先聚焦
在L形的製作上。

在立方體上描繪出
L形的線段。

去除這個部位。

去除這個部位
多餘的線。

L形完成了。

圖74　先描繪出L形

再次回到步驟2），把其他剩餘的線補上，如下圖所示，共六條線。

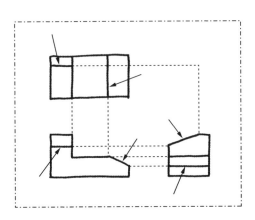

圖75　把其他剩餘的線補上

●步驟2）在L形上描繪其他剩餘的線，步驟3）描繪隱藏線。

在L形的正面、側面、上面分別畫出兩條線，然後再描繪出隱藏線。

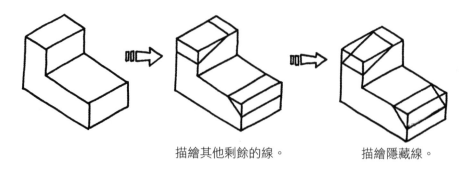

描繪其他剩餘的線。　　　　　描繪隱藏線。

圖76　描繪其他剩餘的線與隱藏線

●步驟4）把多餘的線去除後便大功告成。

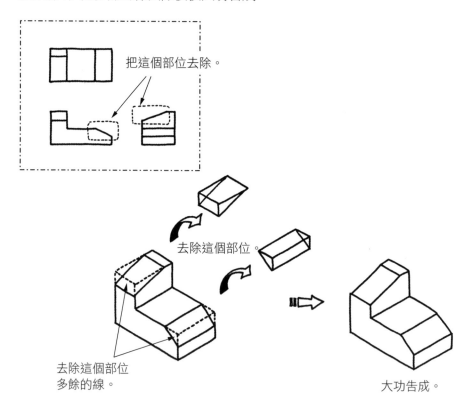

把這個部位去除。

去除這個部位。

去除這個部位
多餘的線。

大功告成。

圖77　完成圖

範例5　複雜凹形

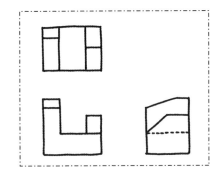

圖78　樣品形狀⑤

逐步去除多餘部位時，首先觀察這個範例中最能夠看出物件特徵的正視圖（前視圖）。然後再依照下面四個步驟進行：①描繪立方體，②先去除A部位，③接著去除B部位，④描繪其他剩餘的線。

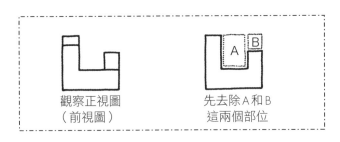

觀察正視圖（前視圖）　　　先去除A和B這兩個部位

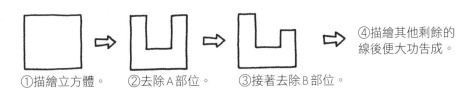

①描繪立方體。　②去除A部位。　③接著去除B部位。　④描繪其他剩餘的線後便大功告成。

圖79　去除A和B

那麼，這裡讓我們實際描繪看看。

●首先去除Ａ部位。步驟１）描繪立方體；步驟２）描繪Ａ部位的線；步驟
３）描繪隱藏線；步驟４）去除多餘的線。

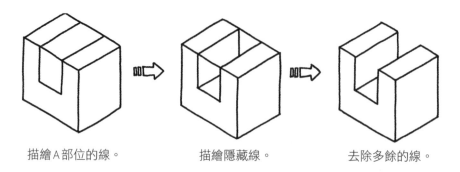

描繪Ａ部位的線。　　　　　描繪隱藏線。　　　　　去除多餘的線。

圖80　去除Ａ部位

●接著，去除Ｂ部位。步驟與上述的（步驟１）～（步驟４）相同。

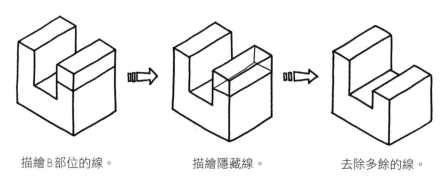

描繪Ｂ部位的線。　　　　　描繪隱藏線。　　　　　去除多餘的線。

圖81　去除Ｂ部位

●最後，我們來看看其他剩餘的線，如下圖所示，每個面各有兩條待補上的線。所以我們還要在這個複雜凹形上面補畫六條線以及步驟3）的隱藏線。

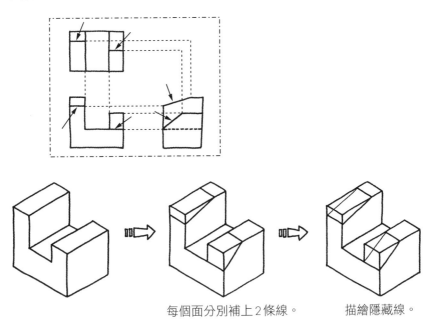

每個面分別補上2條線。　　描繪隱藏線。

圖82　補上其他剩餘的線段與隱藏線

●步驟4）去除多餘的線後便大功告成。

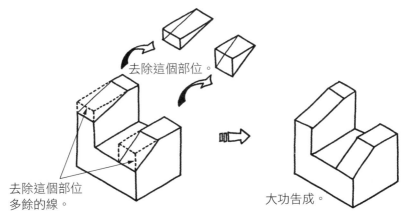

去除這個部位。

去除這個部位
多餘的線。

大功告成。

圖83　完成圖

87

範例6 傾斜形狀

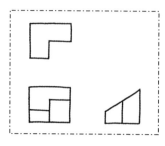

圖84　樣品形狀⑥

●步驟1）繪製立方體；步驟2）描繪各個面的線。

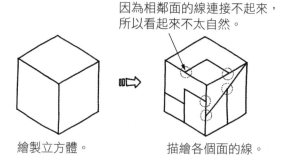

因為相鄰面的線連接不起來，所以看起來不太自然。

繪製立方體。　　　　描繪各個面的線。

圖85　不自然的線

　　因為有許多線段無法與相鄰面吻合，因此先觀察最能看出形狀特徵的右側視圖，確認無誤後把這個部位去除，使其形成斜面。再進行第二步驟描繪剩餘線段。

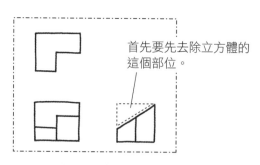

首先要先去除立方體的這個部位。

圖86　逐步去除多餘的部分

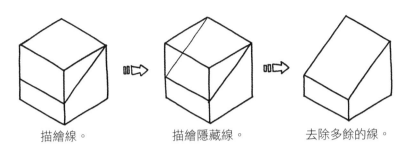

| 描繪線。 | 描繪隱藏線。 | 去除多餘的線。 |

圖87　去除多餘的部分，使其形成斜面

●然後再補上其他剩餘的線，步驟3）描繪隱藏線；步驟4）去除多餘的線後便大功告成。

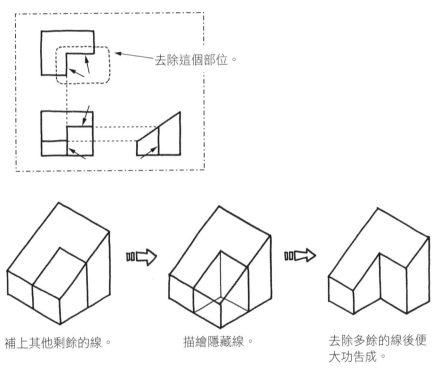

去除這個部位。

| 補上其他剩餘的線。 | 描繪隱藏線。 | 去除多餘的線後便大功告成。 |

圖88　完成圖

進階成簡潔的圖面

我們從本章學習到如何勾勒立體形狀後，接著要以「簡潔」的觀點再次審視三視圖。

以本範例來說，即使少了右側視圖也能確實掌握到物件的完整形狀，所以只要以正視圖與俯視圖來表示即可。

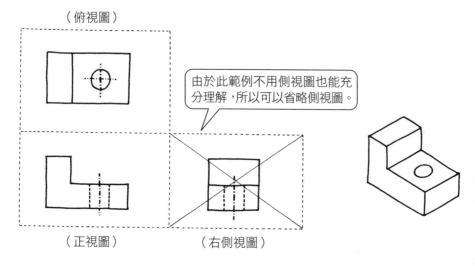

（俯視圖）

由於此範例不用側視圖也能充分理解，所以可以省略側視圖。

（正視圖）　　　　　（右側視圖）

圖89　正視圖與俯視圖

不過，有個地方要特別留意。因為從正視圖無法看到背面有沒有加工，所以只有在沒有加工的前提之下才能省略側視圖。舉例來說，像圖90（a）的背面有設計斜面、或者像圖90（b）的邊角有設計圓弧形時，就一定要繪製右側視圖了。

像下圖這種形狀就必須
繪製右側視圖。

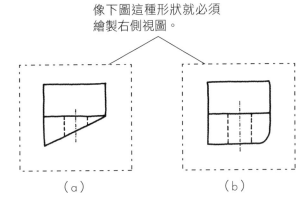

（a）　　　　　（b）

圖90　需要繪製右側視圖的形狀

　　接下來的範例即使沒有俯視圖也能確實掌握物件的完整形狀,所以只
要以正視圖與右側視圖來表示即可。

（俯視圖）

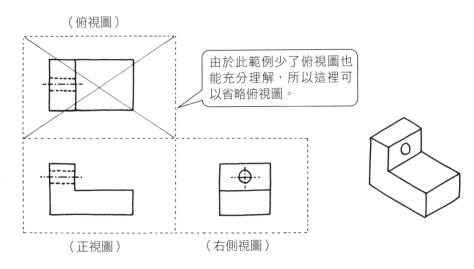

由於此範例少了俯視圖也
能充分理解,所以這裡可
以省略俯視圖。

（正視圖）　　　　（右側視圖）

圖91　正視圖與右側視圖

充電站 想像的方法

當我們要看著圖面想像物件的立體形狀時，主要可透過兩種方式。第一種方式是前面所介紹的「木雕方式」，把多餘的部位去除，最後剩下的部位就是完成品。

而另一種方式則是筆者稱之為「堆積木方式」的製圖技巧。這種方式就像孩子們玩樂高一樣，把需要的部位一個一個堆疊上去，當堆疊完成後便是完成品的形狀。

假設我們用其他詮釋來理解以上兩種方式，木雕方式就等於是減法；反之，堆積木方式則是加法。

【木雕方式】（減法）：去除多餘的部分。

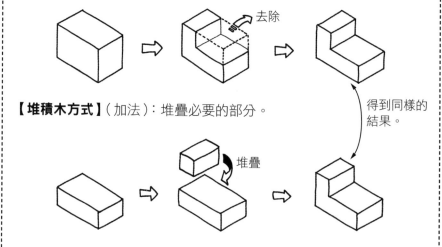

【堆積木方式】（加法）：堆疊必要的部分。

圖92　木雕方式與堆積木方式

那麼，以上兩種方式到底要選用哪一種比較好呢？針對這點，筆者強烈推薦初學者從「木雕方式」學起。但若是已經習慣「堆積木方式」的人也無須刻意改變。

總之，請讀者們選用自己最容易勾勒出立體形狀的方法來進行閱圖。

第 **3** 章

學習輔助視圖

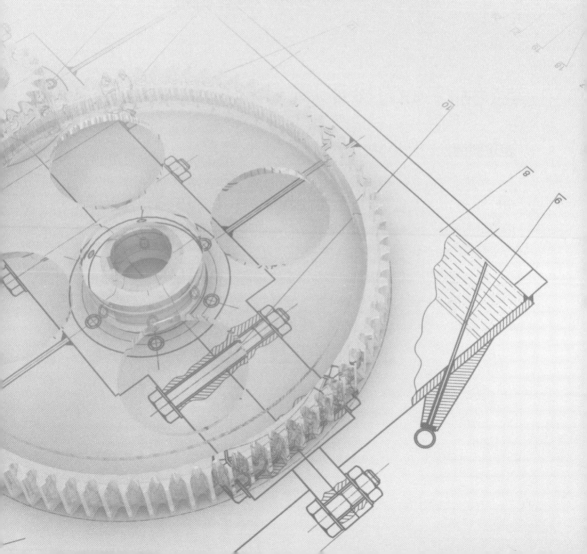

為何需要輔助視圖

我們在第1章與第2章中已經學習了基本的第三角法。很多時候我們可以透過這種方式來將訊息傳達給閱圖者；不過，隨著形狀不同，難免還是會遇到不容易使閱圖者理解的狀況。

此時，我們除了使用基本的第三角法以外，也可以併用輔助視圖來幫助理解。由於JIS規格中並沒有硬性規定哪時得併用輔助視圖，所以關於這一點設計者可視情況自行判斷，原則是要能將訊息正確地傳達給閱圖者。

本章所介紹的輔助視圖，主要是以經常用於實務上的「投影圖」與「剖面圖」為主。接下來讓我們一起來學習這些圖面的表示方式吧。

表現斜面的投影圖

表現斜面的輔助投影圖

當物件上包含斜面設計，並有多重加工時，便要搭配輔助投影圖說明。由於第三角法是呈現從各個觀察面看過去的形狀，所以當物件有斜面時，描繪出的圖面就會變形。舉例來說，當我們斜著看圓孔時，便會變成橢圓形。還有，從正面看過去的斜面尺寸，視覺上會比實際上的尺寸還短。

因為光靠第三角法很難完整傳達這些資訊，所以要追加從與斜面垂直的視角所描繪的圖面才行。接下來，讓我們來看看具體範例。首先，若先用以往慣用的第三角法製圖的話，便會發生下列狀況。

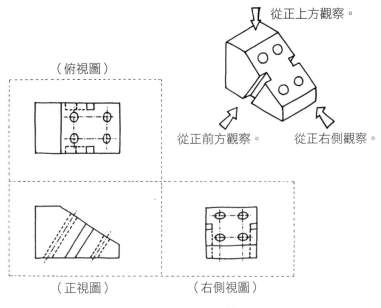

（俯視圖）

從正上方觀察。

從正前方觀察。　　從正右側觀察。

（正視圖）　　　　（右側視圖）

圖93　有斜面的三視圖

　　這個物件若僅用第三角法製圖，無論右側視圖或俯視圖都很難充分表現出斜面上的形狀。除了圓孔看起來會像橢圓形以外，如圖94所示，關鍵的圓孔間距原本應該要是A尺寸，但不管是右側視圖上的B尺寸或是俯視圖上的C尺寸都會變得比實際上的圓孔間距（A尺寸）還要短。

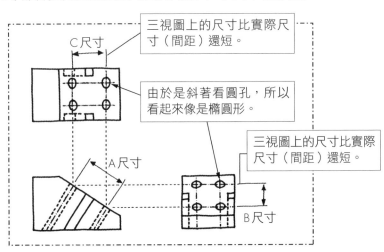

C尺寸

三視圖上的尺寸比實際尺寸（間距）還短。

由於是斜著看圓孔，所以看起來像是橢圓形。

三視圖上的尺寸比實際尺寸（間距）還短。

A尺寸

B尺寸

圖94　三視圖的問題點

為了解決無法呈現實際形狀的問題，我們可以從與斜面垂直的視角來觀察，如此一來就能掌握到沒有變形的完整形狀了。

　　從這個視角觀察所繪製的圖面就是輔助投影圖，通常都會依照斜面角度來斜向配置。如果發現圖面上有斜向配置的圖，便是這裡所指的輔助投影圖。

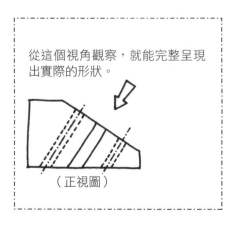

圖95　觀察斜面的視角

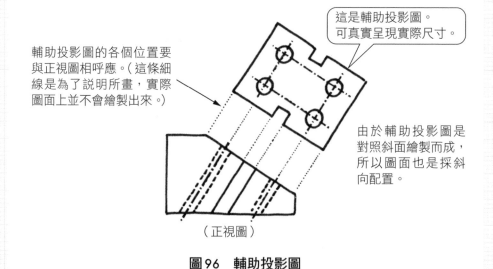

圖96　輔助投影圖

只呈現局部的輔助投影圖

只繪製出必要部位的輔助投影圖，稱之為局部投影圖，經常應用在有斜面形狀的物件上。

至於省略不畫的部位則會在界線處標示以不規則波浪狀所繪成的折斷線。

雖然稱為折斷線，但意思並不是真的要把物件切斷。

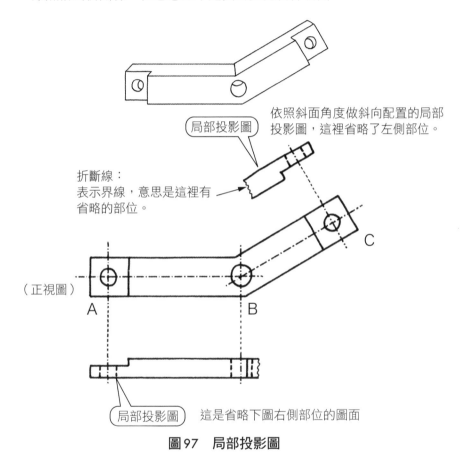

依照斜面角度做斜向配置的局部投影圖，這裡省略了左側部位。

局部投影圖

折斷線：
表示界線，意思是這裡有省略的部位。

（正視圖）

A　　　　　　　　　B

C

局部投影圖　　這是省略下圖右側部位的圖面

圖97　局部投影圖

像這樣省略掉一部分的製圖方法，其實有其用意。以這個例子來看，從A點到B點、以及從B點到C點並非位於同一直線上，而是具有角度差。因為這個角度差，所以當圖面從其中一個方向繪製時，只能夠呈現出半邊的實際形狀，至於剩下的半邊就會變成斜看的角度。因此，製圖時把這個斜看的部分省略掉，便能讓閱圖者更容易理解。

呈現物件內部的剖面圖

認識剖面圖

我們在第1章學過用實線表現眼睛能直接看到的線，而不能直接看到的隱藏線則採用虛線繪製。可是，萬一一個面上同時使用太多虛線、又或是形狀過於複雜時，往往讓人難以閱讀。加上虛線本身看起來就較零碎，較難一眼掌握。此時，我們便可以應用剖面圖來解決這個問題。

假設我們在物件上選定一個適當的面並切成兩半，因為可直視到切斷面，便能改以實線繪製。也就是說，藉著剖面圖的製作，原本必須用虛線描繪的線變成可以用實線表示，讓圖面更容易閱讀。

所謂剖面圖，其實只是想像把物件切成兩半而已，並不是真的要將物件切開。

而剖面圖根據切開的範圍又可分成許多種類。

由於這個剖面圖的應用範圍相當廣泛，如果能預先知道各剖面圖的名稱，以後必定受用無窮。

對半切的全剖視圖

從物件中心位置對半剖開的剖面圖，稱之為全剖視圖。

具體範例如下。以第三角法描繪圖98的形狀時，正視圖上會有許多虛線，形成複雜、難以解讀的圖面。

因此，對策便是把正視圖繪製成全剖視圖，將所有虛線全部都改為實線呈現。

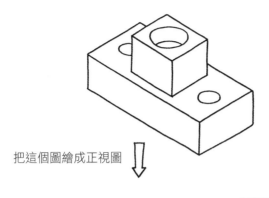

把這個圖繪成正視圖

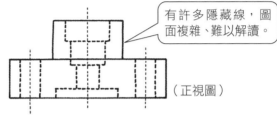

有許多隱藏線，圖
面複雜、難以解讀。

（正視圖）

圖98　隱藏線多、難以解讀的圖面

其對策是…

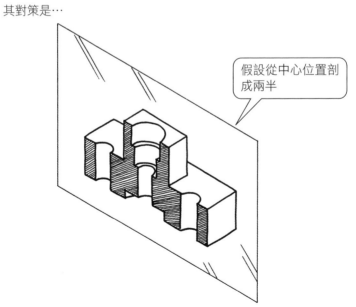

假設從中心位置剖
成兩半

圖99　假設從中心位置剖開

假設物件是這樣剖成兩半的狀態，那麼就可以全部以實線繪製，變成容易解讀的圖面了。

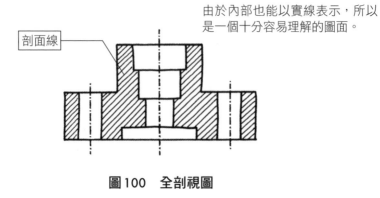

由於內部也能以實線表示，所以是一個十分容易理解的圖面。

剖面線

圖100　全剖視圖

此時，為了凸顯這個剖面切口，我們通常會畫上斜線，這種線段的專有名詞叫做剖面線（hatching）。當圖面上有剖面線時，我們一眼就能判斷這是一張剖面圖。

不過，畫這麼多條斜線其實相當費時費力，所以當一個圖面可以很明確地讓人知道是剖面圖時，大部分都可以直接省略剖面線，實務上也有許多這樣的事例。

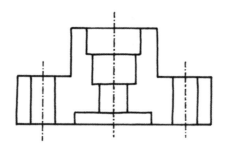

圖101　省略掉剖面線的全剖視圖

對稱剖面半邊的半剖視圖

　　這種半剖視圖雖然也是從物件的中心位置切開，但與之前的全剖視圖不同，只有一半被繪製成剖面圖。另外一半則是以一般的第三角法來呈現外形。這個半剖視圖的特徵就是可以同時以實線呈現出外部形狀與內部形狀。

　　那麼，我們要選用之前介紹的全剖視圖好呢？還是現在的這種半剖視圖？其實圖面的選擇得靠製圖者判斷，無論最終選用哪一種圖面，只要能讓閱圖者容易理解就好。

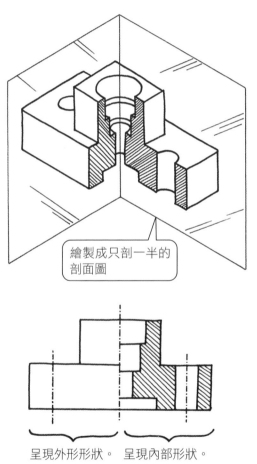

繪製成只剖一半的
剖面圖

呈現外形形狀。　呈現內部形狀。

圖102　只有剖面一半的半剖視圖

切割非中心位置的剖面圖

之前介紹的剖面圖是從中心位置進行剖面的圖面，不過除了從中心位置剖面以外，其他任意的位置也都可以繪製剖面圖，如以下所示。本範例是以內側尺寸小於外側尺寸的物件來做說明。

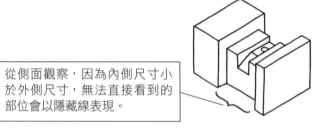

從側面觀察，因為內側尺寸小於外側尺寸，無法直接看到的部位會以隱藏線表現。

圖103　內側尺寸較小的範例

像這種形狀的物件，因為內側尺寸較小被擋住，在側視圖上只能以隱藏線表示。為了解決這個問題，我們可以選擇在適當位置上繪製剖面圖，以實線來表示原本看不見的內側。

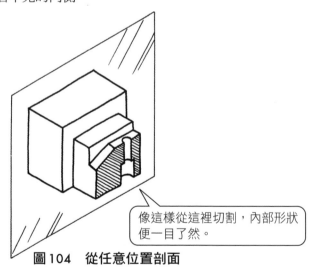

像這樣從這裡切割，內部形狀便一目了然。

圖104　從任意位置剖面

當圖面是全剖視圖或半剖視圖時，因為剖面位置都位於中心位置，所以不需要特別標記；不過，要是像本範例這樣選在非中心位置切割時，就必須要在圖面上標註出剖面的正確位置。

剖面位置上要標示出與中心線一樣的節線（鏈線）。

然後，節線兩端要加粗，並在粗線部位標上箭頭以指示觀看方向。

以下範例（圖105）的閱圖步驟為：

1）假定從節線部位剖面，

2）由於箭頭指向左邊，所以把多餘的右邊部位去除，

3）依照箭頭所指方向觀察剩餘的左邊部位，然後以剖面圖呈現。

為了讓剖面圖更明確，通常會在節線兩端的粗線附近標上英文字母（A、B等），剖面圖的名稱則會寫成「A-A」或「A-A剖面圖」。標示英文字母是為了方便區分，當一個圖面需要繪製多處剖面圖時，就可以依照A、B、C⋯的順序依序標示。如果剖面圖只有一處，那麼只要以A表示即可。

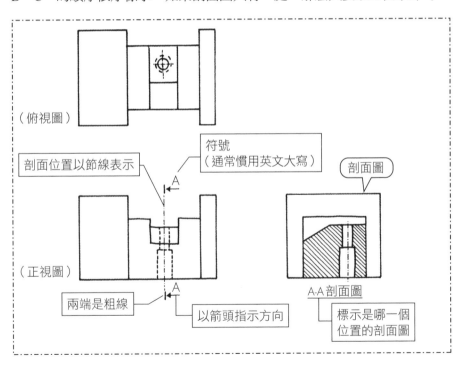

圖105 從任意位置切割的剖面圖

103

階梯剖面圖

之前介紹的剖面圖都是位於同一直線上。可是，萬一想剖面的位置不在同一直線上時，該如何是好？假設現在想要繪製剖面圖的部位散亂分布著許多圓孔，此時的繪圖方式為何？

這時候我們不能在一直線上做切割，而是要畫成階梯狀。

剖面圖的切面與前述相同，都是以節線標示；不過，這條階梯狀的節線除了兩端要加粗以外，連轉折處也要一併加粗。

以下範例為在俯視圖上標示出切面，並附上A-A剖面圖。

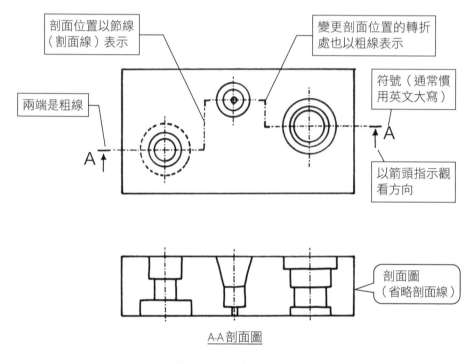

剖面位置以節線（割面線）表示

變更剖面位置的轉折處也以粗線表示

符號（通常慣用英文大寫）

兩端是粗線

以箭頭指示觀看方向

剖面圖（省略剖面線）

A-A剖面圖

圖106　階梯剖面圖

軸狀物常用的剖面圖

　　當物件是形狀複雜的軸狀物時，為了使圖面簡單易懂，每一個剖面都得分別繪製。讓我們看看以下範例。當不採用剖面圖，而是以慣用的第三角法來表現時，側視圖看起來就像是個多層同心圓（本範例看起來是四層同心圓），再加上這個軸狀物具有溝槽等特殊形狀，光看第三角法的圖面根本無法完整理解。

　　因此，若選定必要的部位繪製剖面圖，這樣一來圖面就會變得簡單易懂。另外，由於這個範例中，每個剖面都很清楚，一般來說就不會再畫上剖面線，可省去畫細線的工夫

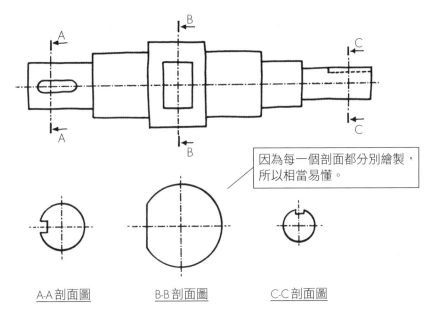

因為每一個剖面都分別繪製，所以相當易懂。

A-A 剖面圖　　　　B-B 剖面圖　　　　C-C 剖面圖

圖 107　軸狀物的剖面圖

局部剖面圖

當只有一小部分需要以剖面圖呈現時，用的不是其他剖面圖所使用的節線（鏈線），而是採用一種稱為折斷線的不規則波浪狀線段。這種製圖方法也是為了更容易理解物件內部，並非表示物件破損。

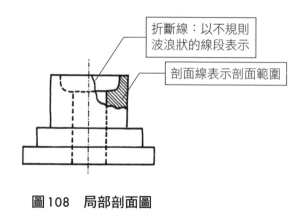

折斷線：以不規則波浪狀的線段表示

剖面線表示剖面範圍

圖108　局部剖面圖

不需繪製剖面圖的部分

JIS規格的原則是即便裝配圖（又稱組合圖或組立圖）中有剖面圖，若切面上有軸、銷釘、螺絲、螺帽、墊圈等零件，則一律以完整的外觀呈現。因為把這些零件一併繪成剖面圖，反而會增加閱圖難度。有關螺絲的相關內容，請參考本書第8章的詳細說明。

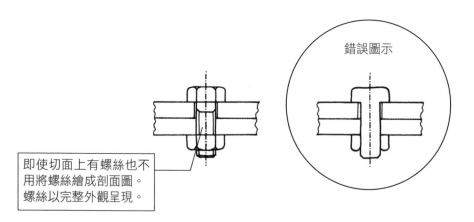

錯誤圖示

即使切面上有螺絲也不用將螺絲繪成剖面圖。螺絲以完整外觀呈現。

圖109　不需繪製剖面圖的部分

充電站 圖面的配置方向

　　我們從第1章學習到如何判斷物件的正面。當決定好正面以後，接下來還要思考圖面的配置方向，一般來說並不是什麼難事，只要依照物件使用時的方向來配置即可。

　　不過，有一種狀況除外。那就是當物件形狀為軸狀（圓軸狀）時。軸狀物件要用一種稱為車床的加工機器來加工。換句話說，因為車床加工時必須要把材料放平才能進行加工，所以圖面同樣也要配置成水平方向。

　　只要圖面配合加工方向來繪製，相信任何一位加工者都能正確地判讀圖面。而要是忽略了這個規則以縱向繪製的話，當加工者作業時還是必須把圖面轉向來看。只是形狀在轉向後雖然變得容易理解，但圖面上所標示的數值與資訊因為也跟著轉向，所以同樣難以閱讀。

　　儘管軸狀物件在繪圖時有這項規則，但倘若軸狀物件不需要用車床加工時，例如以樹脂材料成形的物件等，便不受此規則的限制。

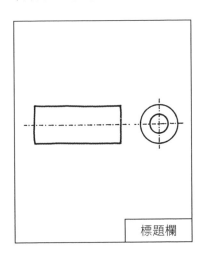

圖110　正確的圖面配置方向

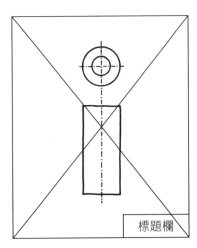

圖111　錯誤的圖面配置方向

其他繪圖方法

便於備料的展開視圖

有一種加工方法是將板金做彎曲處理。

此時，圖面以第三角法繪製並沒有任何問題，但是對於必須一邊參考圖面一邊進行加工的加工者來說，從這張圖面上只能知道完成品的尺寸，並無從得知加工前的尺寸資訊，也就是原始素材的尺寸。

因此，如果每次加工前都要另外算出原始素材的尺寸，對加工者來說十分麻煩。為了減輕加工者的負擔，在設計階段就把彎曲加工前的素材尺寸以及彎曲加工後的完成品尺寸一併標示在圖面上。而這種說明原始尺寸的圖面便稱做「展開視圖」。

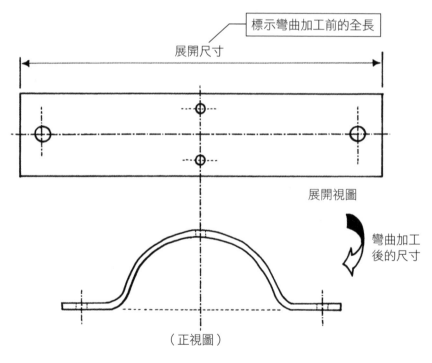

圖112　展開視圖

僅部分放大的局部放大圖

　　當圖形小、難以用實線呈現或者位置不夠無法詳細標示尺寸時，就必須要繪製該部位的放大圖。放大圖可以繪製在圖面的空白處，以圓形標示出欲放大之部位，並標上英文字母。這種圖面稱為局部放大圖。

　　局部放大圖上必須標示出尺寸的放大倍率（尺寸的相關內容請參考第4章）。

　　下例是由正視圖、俯視圖與局部放大圖這三個圖面所構成的範例。

第 3 章

學習輔助視圖

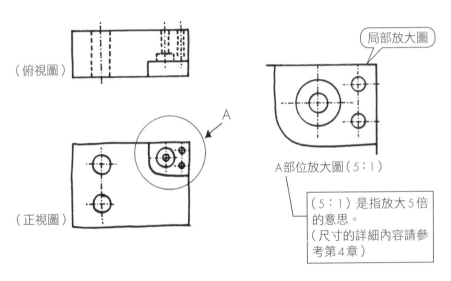

（俯視圖）

A

（正視圖）

局部放大圖

A部位放大圖（5：1）

（5：1）是指放大5倍的意思。
（尺寸的詳細內容請參考第4章）

圖113　局部放大圖

109

省略中間段的斷裂表示法

　　當圖形長、且形狀單純時，我們可以運用斷裂表示法來縮短形狀沒有變化的部位（同樣形狀的部位）。這種畫法的好處就是可以縮小圖面尺寸。

　　此外，省略的部位要標示折斷線。這條折斷線只是代表此處有省略、縮短而已，並不代表物件真的被切斷。

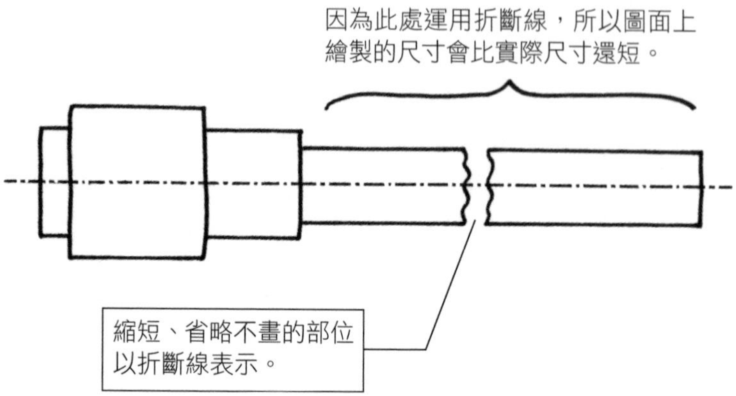

因為此處運用折斷線，所以圖面上
繪製的尺寸會比實際尺寸還短。

縮短、省略不畫的部位
以折斷線表示。

圖114　省略中間段

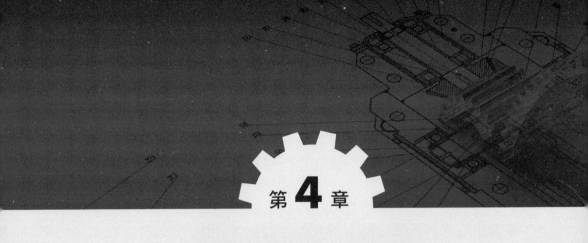

第 **4** 章

圖面的構成

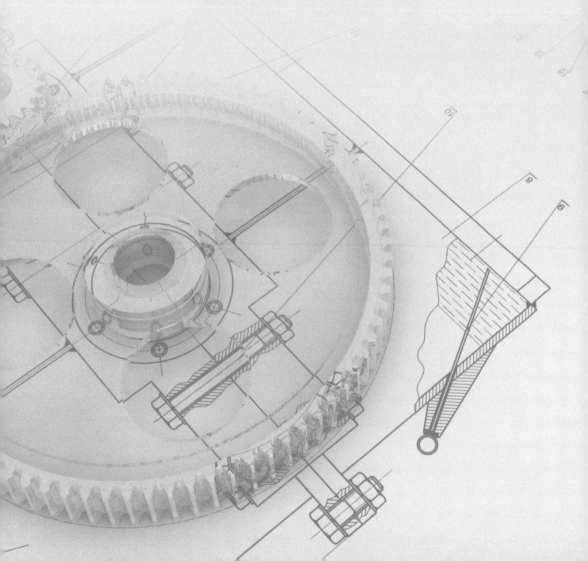

圖面種類

本章學習重點

　　本章主要說明圖面種類、圖面尺寸、標題欄、尺度與變更記錄等圖面的構成內容。

每個圖面都有不同功用

　　雖然序論中介紹過，不過讓我們重新再複習一次圖面的功用。零件圖是用來描繪製品構成部件的資訊，而裝配圖則是表示各個零件之間的相對位置，有些也會標示完成後的外形尺寸等資訊。

　　當我們要實際製造物件時，除了會用到零件圖與裝配圖外，有時也需要搭配零件明細表來輔助。零件明細表又稱為零件清單（parts list）。

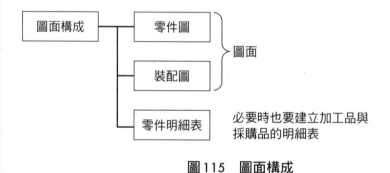

圖115　圖面構成

認識零件明細表

零件明細表網羅了所有必要零件的名稱，並且載明所需數量。零件可分成「依零件圖進行加工的加工零件」以及「採購零件」兩種。雖然採購零件不需要另外製作零件圖，但須在零件清單上記載品號與廠商名。像是馬達、齒輪或驅動皮帶即屬常見的採購零件。

由於JIS規格中並沒有明文規定零件明細表的格式，所以各企業可依自身使用便利性調整。

每一張零件圖包含一個零件

原則上每一張圖面都只能繪製一件零件。一張圖面不要繪製數件零件的理由有以下三點。

理由1） 圖面尺寸過大而難以使用。

理由2） 圖面上繪製多件零件時，容易在加工時誤看。

理由3） 圖面無法流用。製造與過往產品類似的物件時，零件通常都不會全部重新設計，很多時候會部分沿用與舊產品相同的零件。這個時候，如果零件圖面是一張一張分開繪製的話，便能夠直接使用，稱為「圖面流用」。相反的，如果一張圖面上繪製了數件零件，就必須全部重新繪製，這樣也會拖累設計效率。

根據上述理由，一張圖面最好只繪製一件零件。

表示各個零件位置的裝配圖

用來表示各零件位置的圖面，稱為裝配圖。零件圖上所繪製的加工零件以及零件明細表上載明的採購零件都是依照裝配圖來進行組裝。同時，裝配圖上也會記載用來固定零件的螺絲種類。雖然裝配圖必須涵蓋所有零件，但為了不讓圖面上資訊過多，增加閱圖難度，一般並不會詳述每個零件的細部尺寸。

以日常生活中最常見的寶特瓶來舉例，零件項目有寶特瓶本體、瓶蓋、印有品牌的貼紙這三件，也就是總共需要三張零件圖。然後再藉由裝配圖得知組裝後的外型尺寸、以及貼紙貼在寶特瓶本體上的位置。

零件項目多就要併用總裝配圖

另外，當有為數不少的零件共同構成一個物件時，圖面會變成什麼樣子？以汽車來說，據說汽車零件總共約有三萬件。要是這三萬件都要標記在同一張裝配圖上，那麼裝配圖的紙張尺寸恐怕得像會議室那麼大才行，現實上根本行不通。

因此，當零件項目很多時，我們可以把物件分割成幾個部位分開呈現。例如以汽車為例，整台車子可以分割成引擎部、汽車骨架部、門窗部……等等，然後再分別繪製出引擎部裝配圖、汽車骨架部裝配圖、門窗部裝配圖。

接著，再繪製一張「總裝配圖」以指示每一張裝配圖應該要以怎樣的方式組合，最終才能完成一輛車子。透過這樣分部說明的方式，即使物件需要的零件項目再多，也不用擔心圖面過於複雜難懂。

由於現在尚無使用「總裝配圖」的基準，所以設計者可以自行決定使用時機，只要圖面容易理解即可。

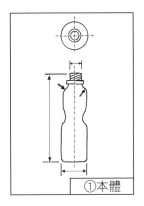
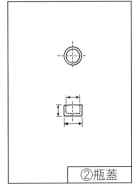
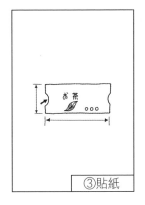

①本體　②瓶蓋　③貼紙

圖116　零件圖

裝配圖

寶特瓶零件清單		
No	品名	數量
①	本體	1個
②	瓶蓋	1個
③	貼紙	1個

有採購零件時也要記載在此清單上。
記載項目為：
（1）品名
（2）型式
（3）廠商名稱
（4）進貨數量
（但採購零件不需要繪製零件圖）

圖117　裝配圖與零件清單

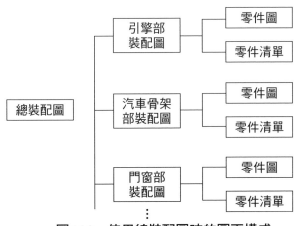

圖118　使用總裝配圖時的圖面構成

圖面的構成

圖面尺寸

JIS規格中紙張尺寸被分類成A系列（起源於德國）與B系列（起源於日本）。雖然我們常用的筆記本尺寸幾乎都是B系列，但圖面用紙的尺寸則大多採用A系列。A系列共可分成A0~A4五種尺寸。最大尺寸是1189mm×841mm的A0，大約是張開雙手手臂的長度。A0的一半則為A1，然後A1的一半是A2，以此類推，尺寸小一號就代表面積少一半。

繪製圖面時要使用哪一種尺寸的紙張，通常都是由設計者決定。如果小張圖面上標示過多資訊，會增加閱圖難度；但若圖面過大同樣也不易閱讀。以方向性來說，設計者很重視閱圖的便利性，因此通常都會有意識地盡量繪製成較小的圖面尺寸。

因為圖面尺寸愈小，使用上愈方便。實務上最常用的是A2、A3、A4這三種尺寸。

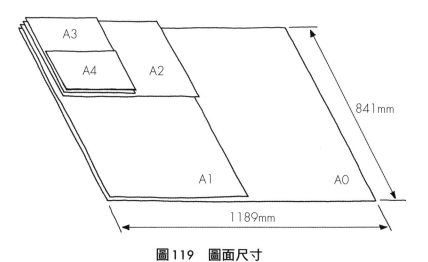

圖119　圖面尺寸

標題欄是什麼

　　繪製圖面的人（設計者）為了將資訊傳達給閱圖者，通常都會以第三角法繪製形狀，然後再把尺寸之類的資訊標記在圖面上。其他資訊像是使用材料、表面加工、熱處理等技術資訊，以及圖面繪製日期、設計者姓名、核可者姓名與管理圖面的圖面編號等資訊都要一起標註上去。這一類的資訊會集中在圖面中一個稱為標題欄的空白處。此欄位通常位於圖面右下方（編按：同台灣CNS規則）。

　　JIS規格沒有任何有關標題欄格式或標註項目的規定。設計者可視情況自行決定。

　　不過，雖然格式可以自訂，但是假設每位設計者都以自己的方式編製出各式標題欄，不僅不具效率，圖面本身也會變得難以閱讀。因此，實務上每間公司都會規定自家適用的格式。

　　以下是標題欄的範例。

　　標註項目有公司名稱、圖面編號、圖面名稱、尺寸、設計者姓名、核可者姓名、零件名稱、材質、表面處理、數量、備註欄等。

圖120　標題欄

認識尺度

標記圖面畫成多大尺寸的單位，稱為尺度。基本上我們繪製的圖面尺寸會與實物大小相同，這就稱為原尺寸或全尺寸（實際尺寸）。可是，若都依照這項原則也確實讓人困擾。

例如實物過小、或者過大時則不適用。

由於實物過小時，難以從圖面讀取形狀或尺寸等資訊，所以繪製時通常會放大尺寸。反之，當圖面為了要符合實物而變得過大時，為了方便閱圖，繪製時就會縮小實物尺寸。

JIS規格中有記載尺度放大或縮小時的建議尺度。因為是建議，所以即使設計者採用的尺度不在JIS規格上也無妨；不過，由於這個建議尺度十分好用，實務上也經常應用。

標註尺度的方法

放大時的尺度稱為放大比例尺（倍尺），而縮小時的尺度則稱為縮小比例尺（縮尺），標註於前述的標題欄內。雖然標註方法規定以「：」表示，但是因為以往的舊JIS規格是以分數的「／」標註，所以現在仍然有人持續沿用。

例如倍尺為5倍時，現在的JIS規格是標註成「5：1」，而舊制的JIS規格則是標註成「5/1」。又例如縮尺為二分之一時，現在的JIS規格是標註成「1：2」，但舊制的JIS規格則是標註成「1/2」。

表4　尺度

類別	含意	建議尺度		
倍尺	放大	50：1 5：1	20：1 2：1	10：1
全尺寸 （原尺寸）	與實物 同尺寸	1：1		
縮尺	縮小	1：2 1：20 1：200 1：2000	1：5 1：50 1：500 1：5000	1：10 1：100 1：1000 1：10000

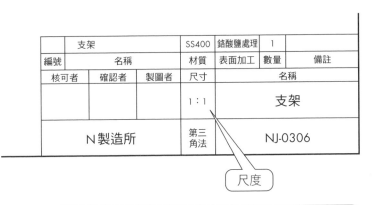

	支架		SS400	鉻酸鹽處理	1	
編號	名稱		材質	表面加工	數量	備註
核可者	確認者	製圖者	尺寸	名稱		
			1：1	支架		
N製造所			第三 角法	NJ-0306		

尺度

還是可以看到有以舊JIS規格的規定來標註尺度的時候。
此時的實際尺寸便是標註成1/1。

圖121　標註尺度

119

變更的記錄

　　圖面完成後，有時我們還是要視情況來變更圖面內容。例如依技術調整尺寸或材質。另一種情況則是修正尺寸數值、文字或符號等誤植資訊。

　　當我們需要像這樣變更圖面內容時，並不需要將原資料完全刪除，而是在需要變更處畫刪除線，留下變更前的資訊以備考。

　　當然，這只限於圖面完成後還需要另做變更的時候，當圖面仍處於設計階段時，並不需要記錄變更次數或內容。

　　變更的內容、以及由誰於何時變更等資訊，全部都要一五一十地記錄在圖面上所設置的修正欄中。變更處也要加註符號（例如英文大寫的A、B…，或者數字的1、2…等）

　　修正欄通常都被設置在標題欄附近、或者圖面的右上角。

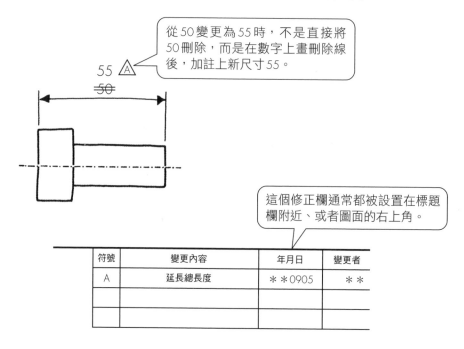

從50變更為55時，不是直接將50刪除，而是在數字上畫刪除線後，加註上新尺寸55。

這個修正欄通常都被設置在標題欄附近、或者圖面的右上角。

符號	變更內容	年月日	變更者
A	延長總長度	＊＊0905	＊＊

圖122　修正與修正欄

第 **5** 章

讀懂尺寸標記

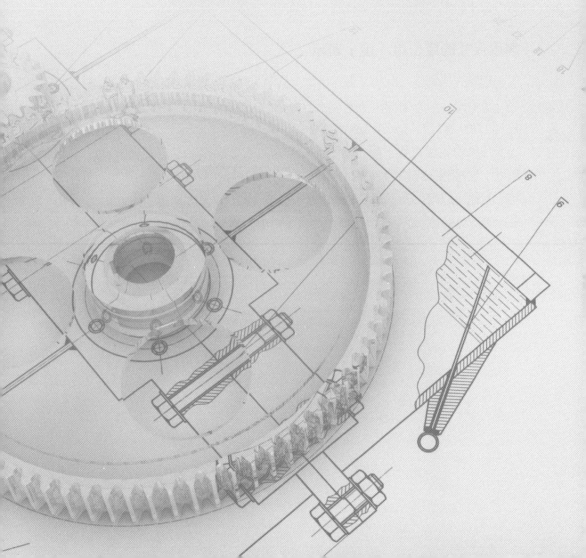

讀取尺寸數值的方法

長度尺寸的單位以「公釐」表示

　　記載在圖面上的資訊，以尺寸最為重要。透過標註的尺寸我們可以得知物件的大小。圖面所使用的尺寸單位為「公釐（mm）」。假設像1公尺那麼大的尺寸，在圖面上我們仍然以公釐表示。

　　由於有這項規則，圖面上通常只會標註數字，單位符號都會被省略。還有，平常我們遇到較大數值時，常會加註千分位符號。例如將五千二百三十五寫成5,235。但是在圖面中我們不這樣表示，為了預防把千分位符號錯看成小數點，圖面上直接標註5235即可。

角度尺寸的單位以「度」表示

　　角度的單位是「度（°）」。以圓一周為360度的測量方法。

　　當需要用到更小的角度單位時，可以合併使用「分（'）」與「秒（"）」。1度的1/60為1分、1分的1/60是1秒。

　　角度的單位符號不能省略。所以若圖面上是60度的話就要標註60°，圖面上是80度32分10秒時，便標註成80° 32' 10"。

　　其他可以用來表示角度的單位還有弧度（rad）。弧度把圓一周記為2π rad（等於360度）；不過，此種單位較少使用於圖面，在此僅供參考。

表5　長度的單位

單位	單位記號	換算成公釐
微米 （micron）	μm	1 μm＝0.001mm
公釐	mm	－
公分	cm	1 cm＝10mm
公尺	m	1 m＝1000mm

※以往的μ（micron、1000分之1mm）因採用國際單位制（SI制）的關係，已變更以μm（micrometre）表示。

表6　角度的單位

單位	單位符號	定義
度	°	圓一周為360度
分	´	1分=1/60度
秒	″	1秒=1/60分

尺寸數值的讀法

尺寸以尺度線與尺度界線來表示。這些線段以比實線更細的細線表示,粗度大約只有實線的一半。

尺度線兩端的箭頭可以畫在尺度線的內側或外側都行,代表相同意義。雖然通常會畫在內側,不過要是當尺寸較小、尺度線較短時,若是箭頭也畫在內側,圖面就會過於擁擠不易識讀。此時,便將箭頭畫在外側。

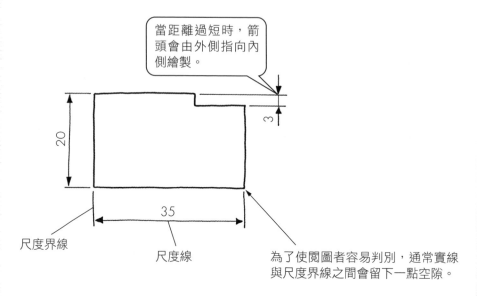

圖123　尺度線與尺度界線

3 種不同的標註方法

　　尺寸有連續式標註法、基線式標註法以及累進尺度標註法三種不同的標註方法（這些名稱不必刻意記住），以下讓我們分別用具體範例說明。雖然是相同物件，但標註尺寸的方式各有不同，設計者可以視情況自行選用。

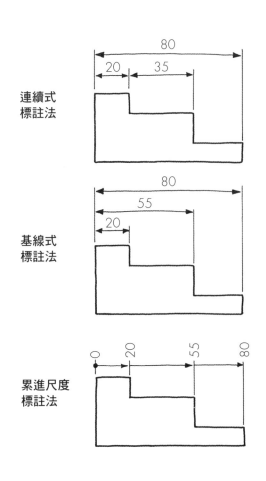

圖124　標註尺寸的方法

圖面意思依標註方法而異

　　以剛才圖124中的階梯部分來說，採用連續式標註法時，20mm與35mm是採用連續排列的方式，換句話說就是標註在同一直線上。相對地，基線式標註法則是先標註20mm後，再以並排的方式標註55mm。

　　至於累進尺度標註法的特徵則是先在一端標上●，然後每一個尺寸皆以這一端的●為基準來做累進標註。

　　這裡要注意的是，標註方式不同也會連帶影響圖面意義。雖然有點複雜，但基線式標註法與累進尺度標註法只是標註方法不同，傳達出的圖面意義其實完全一樣。

　　不過，相較於這兩種標註方式，連續式標註法的圖面則會有不同的解讀方式，因此物件加工後會產生完全不同的結果，就像是用兩張不同的圖面來加工一樣。

　　因為適用公差的方式明顯不同，所以我們後續會在第6章的154頁中詳細說明。

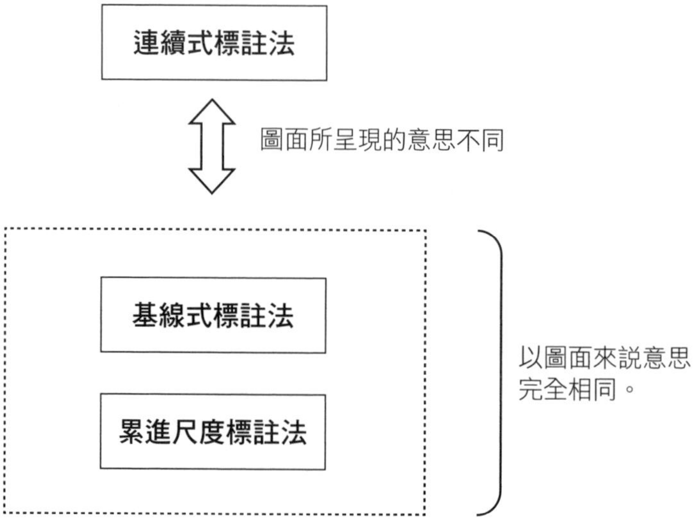

```
┌─────────────────────┐
│      連續式標註法      │
└─────────────────────┘

          ⇕         圖面所呈現的意思不同

┌─ ─ ─ ─ ─ ─ ─ ─ ─ ─ ─ ┐
│  ┌───────────────┐   │
│  │   基線式標註法   │   │      以圖面來說意思
│  └───────────────┘   │      完全相同。
│  ┌───────────────┐   │
│  │  累進尺度標註法  │   │
│  └───────────────┘   │
└─ ─ ─ ─ ─ ─ ─ ─ ─ ─ ─ ┘
```

圖125　標註方法與圖面呈現的意義

累進尺度標註法以一條尺度線即可表示

　　累進尺度標註法的特徵是只要從基準面（本範例是以左邊為基準面）拉出一條尺度線便能完成標註。下例應用基線式標註法的圖面中則需要4條尺度線。假設形狀變複雜、有更多階梯形狀時，尺度線勢必要增加更多，如此一來圖面就會變得複雜難懂。

　　　　反之，累進尺度標註法的特徵在於即使增加更多的階梯形狀，也只要一條尺度線便能完整標註。

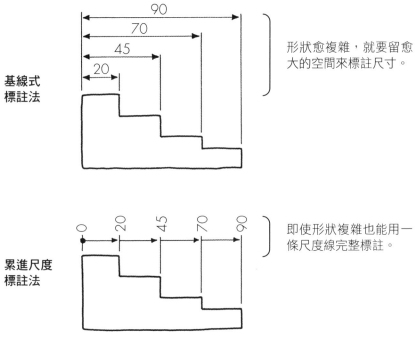

圖126　累進尺度標註法的特徵

狹小部位的尺寸標註

當我們需要連續標註尺寸但空間卻很狹小時，可能無法使用一般的箭頭符號。此時，可採用的標註方法如下圖三個範例所示。

因應方法① 省略狹小部位的箭頭。此範例為標註2mm的部位。因空間太小所以導致箭頭互相重疊。

因應方法② 用●代替箭頭。適用於兩側空間都狹小時。

因應方法③ 當沒有空間標註尺寸數值時，可用引線拉到外側標註。

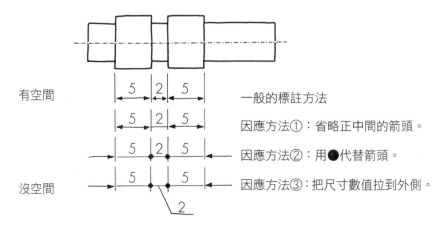

圖127　狹小部位的尺寸標註

標註更狹小的部位

即使改用●代替箭頭，但還是不易閱讀時，該如何是好？

此時，我們就要使出最終手段，把必要的部位放大表示。這就是第3章學過的局部放大圖。為了標示出放大部位，該部位要用圓形圈起來，然後標上文字（通常是英文字母）。接著，在圖面的空白處繪製放大圖。

這個放大圖也要像一般圖面一樣標上放大比例尺（倍尺）。

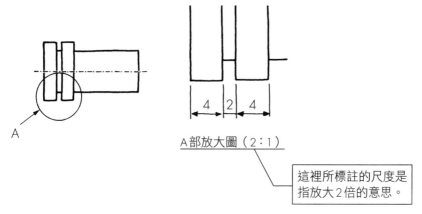

A部放大圖（2：1）

這裡所標註的尺度是指放大2倍的意思。

圖128　局部放大圖

異於尺度的尺寸標示方式

　　當記載在圖面標題欄的尺度與標註在圖面上的尺寸不同時，我們會在尺寸數值下方多拉一條＿線。例如第3章第110頁所介紹的圖示方法，當省略掉中間部位時，圖面上所標註的尺寸會與尺度標註的實際尺寸不同，此時我們便要在尺寸數值下方拉一條＿線。

　　下圖的範例長度為120mm，但因為省略了中間部位，只畫出一半60mm的圖形，與指示不符，所以此時要在實際尺寸120mm的下方拉出＿線。

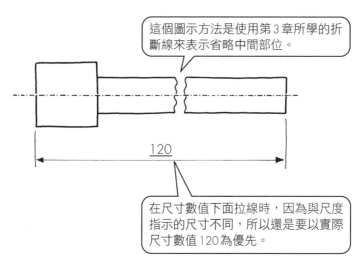

這個圖示方法是使用第3章所學的折斷線來表示省略中間部位。

120

在尺寸數值下面拉線時，因為與尺度指示的尺寸不同，所以還是要以實際尺寸數值120為優先。

圖129　異於尺度的尺寸標示方式

便利的尺寸輔助符號

善用符號幫助理解

使用方便的尺寸輔助符號，不但有助於設計者繪製圖面，同時也能輔助閱圖者解讀圖面。

以下介紹常用的符號，記住這些符號能增加對圖面的理解程度。所有尺寸的單位皆為「公釐（mm）」。

表7　尺寸輔助符號

種類	輔助符號	範例	念法
半徑	R	R 5	R
直徑	φ	φ 10	Phi
板材厚度	t	t 6	t
正方形的邊	□	□ 12	方形
45° 倒角	C（大寫字母）	C 3	C

半徑符號R

標示半徑時，尺寸數值前面要標註R。箭頭有時會指向內側有時則指向外側，但無論哪種指向，意思都相同。

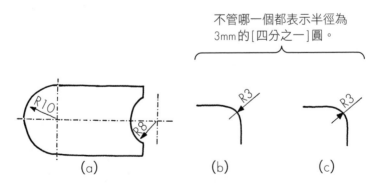

不管哪一個都表示半徑為 3mm的[四分之一]圓。

(a)　(b)　(c)

圖130　半徑符號R

直徑符號 Φ（念法：Phi）

標註圓形的直徑時，直徑符號會加註在尺寸數值前面。這是輔助符號中最常使用的符號。使用 Φ 的話，甚至可以繪製一面正視圖即完整傳達意思，是相當方便的符號。在日本的 JIS 規格中，規定這個符號要念成「MARU」（編按：日文「圓形」的念法）或「Phi」；不過，實務上也有「Pi」這個念法（編按：台灣一般念作「Phi」）。

還有，假設圖面上畫的不是貫通孔而是未穿透的非貫通孔時，應該要加註孔深。孔深可加註在 Φ 後面，或者與孔的直徑分開標註。兩種標註方式都同樣可行。

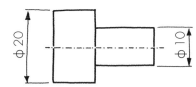

善用 Φ 的話，不需要繪製側視圖與俯視圖，
便有可能僅以正視圖一面來表現。

圖131　直徑符號 Φ

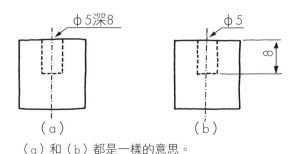

（a）和（b）都是一樣的意思。

圖132　標示孔的深度

當很多地方都具有相同形狀時，可以在符號前面加註數量。

例如 Φ5 有兩處時，可以標註成「2xΦ5」。這麼一來，便可一次表達尺寸。另外，實務上也有人用「-」取代「x」，即標註成「2-Φ5」。

板厚符號t

符號是英文小寫的t。這個符號取自於厚度的英文單字—thickness的第一個英文字母。由於t是代表板厚，所以使用這個符號時只需要正視圖就夠了，幾乎所有的板形圖面都是採用此種標註。

在JIS規格上，t後面都直接標註尺寸數值例如t5；不過，實務上也有像t=5這樣，在中間加入=符號的標註方法。

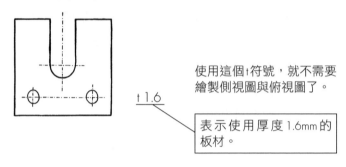

使用這個t符號，就不需要繪製側視圖與俯視圖了。

表示使用厚度1.6mm的板材。

圖133　板厚符號t

方形符號□（念法：方形）

此符號用於只畫出正四角柱（底面為正方形的角柱）正方形面其中一邊的圖面。單單以正視圖即可完整傳達意思。

還有，當在四角柱的側面畫上交叉細線時，便代表此面為一平面。

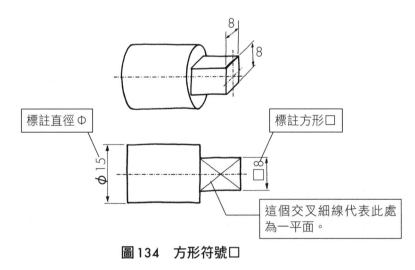

標註直徑 Φ

標註方形□

這個交叉細線代表此處為一平面。

圖134　方形符號□

45° 倒角符號C

很多時候我們常常會把物件邊角做45°的加工，這個程序稱為倒角（chamfering）。

因為物件經過加工後，邊角容易產生銳利的毛邊，一不小心就會被劃傷。因此，把邊角做倒角處理可以確保安全性。另外，倒角處理的另一個目的是當軸狀物要安插進圓孔內時，若軸狀物的前端有先做倒角處理，會較容易插入。

英文大寫C代表倒角尺寸。要是沒有C符號，就要分別標註縱向與橫向的尺寸；使用C符號的話，只要標註一處即可，相當方便。

C符號的倒角角度為45°，除了45°以外，其他角度都不適用。其他角度必須要另外個別標註。

[倒角處理的目的]

1）提升安全性。
2）輔助軸狀物順利插入孔內。

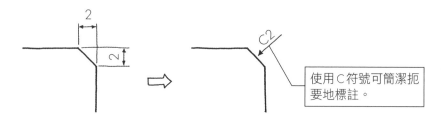

使用C符號可簡潔扼要地標註。

除了45°以外，其他角度都不會使用C符號，必須另外個別標註。

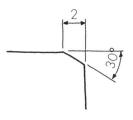

圖135　45°倒角符號C

指定加工方法——鑽孔

標註電鑽加工的鑽孔

依照圖面形狀進行加工時，通常都是由加工者自行選用加工方法；不過，有時圖面上也會加註指示該使用哪一種加工方法，例如這邊將介紹的電鑽鑽孔指示、以及第7章會說明的表面粗糙度符號指示等。這裡我們先說明鑽孔的相關內容。

使用鑽床等電鑽開孔的孔洞，稱為「鑽孔」。

圖面上要指示鑽孔時，並非使用先前學習的 Φ，而是在直徑尺寸數值前面加上「鑽（キリ）」。例如直徑5mm的鑽孔會標註成「鑽5（5キリ）」。

（編按：台灣實務上鑽孔仍會以 Φ 標註，並無細分）

【電鑽】

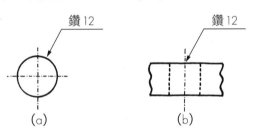

【在正視圖指示時的方式】【在側視圖指示時的方式】

圖136　標註鑽孔

標註深度①

當孔是貫通孔時，不需要標示孔深；反之，當為非貫通孔時，則必須另外標註。孔深有以下兩種標柱方式。

第一種是標註「鑽」後便加註孔深。例如直徑5mm深度為12mm的鑽孔，要標註成「鑽5深12（5キリ深さ12）」。

另外，在舊制的日本JIS規格中也有以片假名表示深度的範例，實務上都是簡略標註為「鑽5深12」。總之，無論是哪一種標註，其意義都相同。

為了提升加工性能，電鑽前端會有118°的角度，連帶會影響加工物加工後的形狀。

因此，在側視圖也要表示出118度角的前端形狀，但由於118這個數字不容易區分，為了方便起見，以120度整數取代

請注意，深度不包含這個前端的長度，標註的尺寸只有直線部位的長度而已。

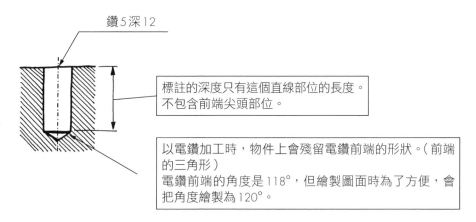

鑽5深12

標註的深度只有這個直線部位的長度。
不包含前端尖頭部位。

以電鑽加工時，物件上會殘留電鑽前端的形狀。（前端的三角形）
電鑽前端的角度是118°，但繪製圖面時為了方便，會把角度繪製為120°。

圖137　標註鑽孔的深度（合併標註）

標註深度②

還有另一種標註方式是直接在側視圖上標註深度。

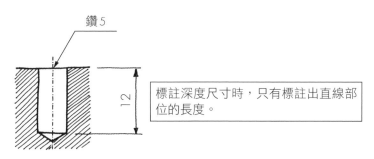

鑽5

12

標註深度尺寸時，只有標註出直線部位的長度。

圖138　標註鑽孔的深度（個別標註）

以直徑符號 Φ 標註的孔以及電鑽鑽孔哪裡不同

不論「Φ」還是「鑽」，都要標註直徑尺寸，但這兩種標註各有不同的意義。其差異如下。

標註直徑符號 Φ 的孔，

1）加工方法與加工工具由加工者選用。
2）標註的直徑數值是加工後的孔徑。

另一方面，標註鑽孔的孔，

1）指定需要以電鑽加工。
2）標註的直徑數值為鑽徑（電鑽專用的稱呼）。

兩者之間有這樣的差異。

以直徑符號 Φ 標註的孔以及電鑽鑽孔該如何區分

若加工後的直徑尺寸允許有誤差時，會使用鑽孔標註。例如標註「鑽5」時，代表「使用鑽徑5mm的電鑽來加工，但加工後若直徑有誤差也無妨」。因為只要使用指定的加工工具就好，所以加工時比較輕鬆。如此一來，加工成本也會降低。反之，若需要精度良好的孔，就必須使用直徑符號 Φ，以確保加工後的尺寸。

綜觀以上內容，當加工後尺寸有誤差也無妨時，我們以「鑽」標註；若要求精度的話，則使用「直徑符號 Φ」來標註。

<標註直徑符號 Φ 時> 例如：Φ12時…… 加工後的孔徑必須要為12mm

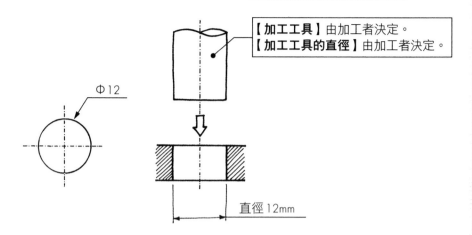

【加工工具】由加工者決定。
【加工工具的直徑】由加工者決定。

Φ12

直徑12mm

圖139　標註為直徑符號 Φ 時

<標註鑽孔時> 鑽12時…… 加工時的鑽徑為12mm

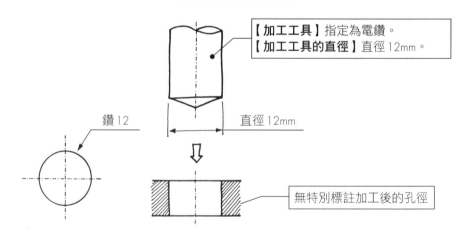

【加工工具】指定為電鑽。
【加工工具的直徑】直徑12mm。

鑽12

直徑12mm

無特別標註加工後的孔徑

圖140　標註為鑽孔時

電鑽加工的精度

　　使用電鑽加工無法確保精度。實際上，以電鑽加工的孔徑大多都會異於電鑽直徑。雖然最終還是要視材料與加工條件而定，但通常孔徑都會大於電鑽鑽徑約0.1mm左右。另外，也無法確保孔內的表面粗糙程度。

電鑽加工適用於何時

　　以螺絲固定物件的貫通孔最常採用鑽孔方式。當我們使用螺絲來固定兩個物件時，一邊要先做螺絲加工，另一邊則是先開一個貫通孔。

　　由於此貫通孔的直徑常設計成有足夠充裕的空間讓螺絲通過，所以即使加工後尺寸有些許誤差也無妨。

　　因此這裡可以使用鑽孔加工。

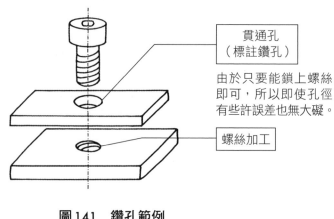

貫通孔
（標註鑽孔）

由於只要能鎖上螺絲
即可，所以即使孔徑
有些許誤差也無大礙。

螺絲加工

圖141　鑽孔範例

講求精度的孔該如何加工

　　講求精度時，通常都會採用絞刀加工。這種加工必須要先使用電鑽來鑽出比指定尺寸還小的孔後，再用絞刀來加工成指定尺寸。

　　其他也會使用像是端銑刀與鑽探工具等。

如何簡略標註連續間隔排列的同種類孔洞

當同類孔洞如鑽孔，以相同間隔連續排列的時候，若要一一標註出每個間隔尺寸（這個間隔尺寸稱為間距），一大排相同數值的尺寸標記會讓整個圖面變得相當雜亂難讀。

因此對策便是簡略地用（1）孔徑（2）間距尺寸（3）孔的兩端尺寸，三項來表示。（3）的尺寸是以像間隔數x間隔尺寸（＝兩端間的尺寸）這個公式一樣，用x與＝來表示。

例如，直徑3mm的鑽孔、間距為6mm且共計有10個孔時，由於間隔數要以10減1，得到9個間隔，因此以9x6（＝54）表示。

以上述方式標註的話，就可以繪製成簡潔又扼要的圖面了。

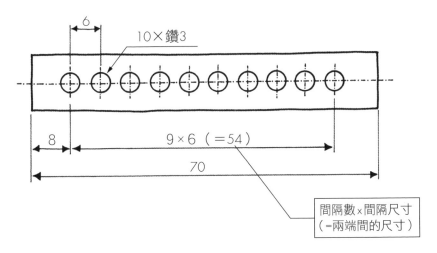

圖142　連續孔的簡略尺寸標註

認識沉頭孔與深沉頭孔

沉頭孔與鑽孔的差別

除了鑽孔以外，沉頭孔與深沉頭孔也很常使用。所謂沉頭孔是指在鑽孔表面多開一個孔徑更大的孔。沉頭孔與深沉頭孔的差別要視這個後來開孔的孔徑深度而定。

沉頭孔

當鑄造物的表面凹凸不平或者有嚴重鏽蝕（黑皮等）時就不適合鎖螺絲。因為螺絲固定在這種狀態的表面上很快就會鬆脫。因此，我們要在這種表面上做沉頭孔加工，以創造出光滑表面。沉頭孔的直徑標註不使用直徑符號 Φ，而是在直徑尺寸數值後面直接標註沉頭孔。

由於是與鑽孔寫在一起，所以會標註成如「鑽7、沉頭孔18（7キリ、18座ぐり）」。意思是在鑽7加工之後，再加工成一個直徑18mm的沉頭孔。沉頭孔的加工深度必須加工到表面光滑為止，所以並不會有深度標註。通常都會加工到0.5～2mm左右。還有，日文除了「沉頭孔」這個專有名詞以外，也有許多使用片假名等類似寫法，不過，全部都是相同意思。

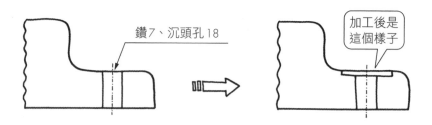

鑽7、沉頭孔18　　　　加工後是這個樣子

標註的意思是請做直徑7mm的鑽孔加工後，再加工成直徑18mm的沉頭孔。
由於沉頭孔的深度必須要加工到表面光滑為止，所以深度由加工者視情況決定。

圖143　　沉頭孔的標註

深沉頭孔

假設需要將螺絲頭鎖入，在鑽孔上指定要開出一定深度的孔，就稱為深沉頭孔。當我們要用螺絲將兩個物件固定在一起時，有時候固定用的螺絲頭若外凸，恐怕會造成困擾，此時若加工一個深沉頭孔就可以將螺絲頭鎖入孔內，以避免鬆脫。

例如與鑽孔一起標註時，會標註成「鑽10、深沉頭孔15 深8.5（10キリ、15深座ぐり深さ8.5）」。這樣標註的意思是指以直徑10mm的鑽頭開出一個貫通孔後，再加工成一個直徑15mm且深度為8.5mm的深沉頭孔。

螺絲有許多種類。其中最不易鬆脫的是「內六角螺栓」，因此，深沉頭孔的尺寸（直徑與深度）通常都會以能對應內六角螺栓的尺寸為主。

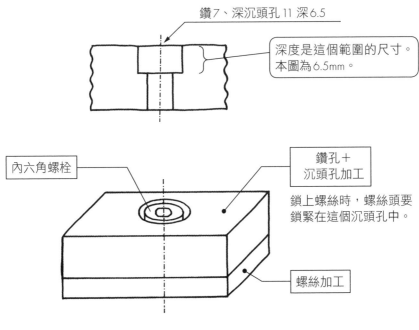

圖144　深沉頭孔的標註與使用範例

線的種類（彙整）

在本章中，我們學到了用於尺度線與尺度界線的細線。在這裡我們將線的名稱、線的種類以及用途做個整理。

表8　線的種類

依用途分類	線的種類		線的用途
實線（外形線，也稱為輪廓線）	實線	———————	表示可見部位。
尺度線	細線（粗度約實線一半）	———————	標註尺寸。
尺度界線			為了標註尺寸從圖面向外拉出來。
指線			指示資訊或符號時所用。
隱藏線	虛線	- - - - -	呈現看不見的部位。
中心線	節線（鏈線）	- - · - - · - -	表示圖形中心部位。
折斷線	不規則波浪狀	∿∿∿	表示物件省略部分的邊界。
割面線	把兩端及轉彎處的線條加粗	⌐_	繪製剖面圖時，用來表示剖面位置。
剖面線	細線，規律整齊的排列	/////////	表示剖面圖切口部位。

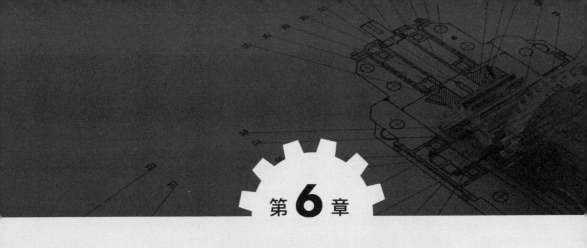

第 **6** 章

讀懂公差

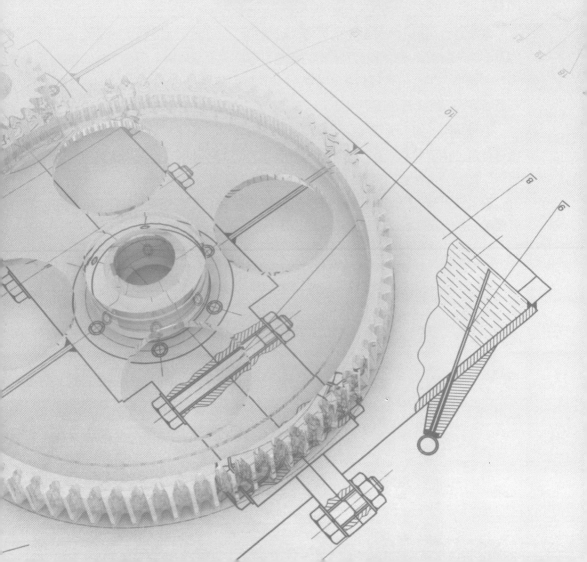

為何需要公差

加工很難達到分毫不差

即使圖面上指示的尺寸是20mm，但實際上進行加工時很難完全吻合，也就是說要達到20.00000……mm是一件相當困難的事。另一方面，該物件在機能上也未必非要剛好20.0000mm不可，一般來說即使出現一點小誤差（偏差）也無妨。

例如我們加工成20.1mm，比20mm大了0.1mm也不會有什麼影響。

所謂公差

當設計者在指示尺寸數值的同時，也會標註出可滿足機能要求的最大容錯範圍。這個範圍用來標示出指定尺寸可容許的上限值與下限值。在此專門領域中，上限值被稱做最大容許尺寸（最大限界尺寸），下限值則稱為最小容許尺寸（最小限界尺寸）。

換句話說，加工後的尺寸只要介於最小容許尺寸與最大容許尺寸之間便算合格。這個最大容許尺寸與最小容許尺寸的差稱為尺寸公差（或者簡稱為公差）。

由上述可知，標註尺寸時一定要同時標註公差，就實務操作而言，沒有標示公差的尺寸根本無法實現。

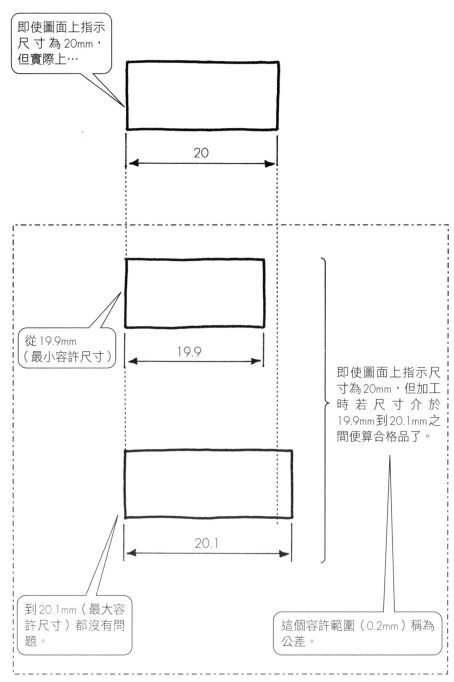

即使圖面上指示尺寸為20mm，但實際上…

20

從19.9mm（最小容許尺寸）

19.9

即使圖面上指示尺寸為20mm，但加工時若尺寸介於19.9mm到20.1mm之間便算合格品了。

到20.1mm（最大容許尺寸）都沒有問題。

20.1

這個容許範圍（0.2mm）稱為公差。

容許範圍（公差）須依照該物件所要求的規格而定。

圖145　公差的概念

公差與成本

設計者繪製圖面時有兩大使命。第一個使命是滿足機能需求，另一個使命則是把零件成本控制在預算內。為了獲取利益，加工成本應盡量壓低。製造零件時必須花費的成本共有材料費、加工者的勞務費、用於加工的加工機器費用（設備折舊費用）、表面加工以及熱處理費用等。

其中，勞務費與加工機器費用又占相當大的比例，受到尺寸公差的影響也最大。因為當公差較大，也就是可容許的誤差範圍較大時，我們可以使用比較便宜的設備來快速加工，以降低成本。反之，當公差較嚴苛時，我們就得花費更多時間、使用昂貴的高精度設備來加工，這樣一來成本也會跟著提高。

因為這些影響，設計者在標示尺寸時也要個別指出最適合的公差，以滿足機能與成本雙方面的需求。

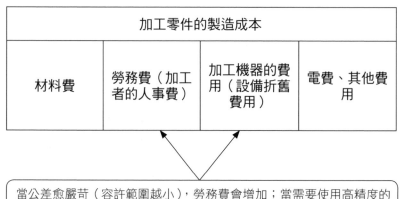

圖145　製造成本的詳細內容

公差的概略分類

公差的標註方式有以下幾種。

●尺寸公差：以兩點間的長度為主。
  ・以數值標註的尺寸公差。
  ・以符號標註的軸孔配合公差（或稱嵌合公差，英文為Fit tolerance）。
●幾何公差：以面或線為主的公差。

如上述，兩種尺寸公差加上一種幾何公差，共可分成三種。以下我們依序說明。

表9　公差的分類

分類	種類	範例	用途
尺寸公差	以數值標註	20±0.05	以兩點間的長度為主
	以符號標註	20H7（孔側） 20g6（軸側）	孔與軸的嵌合
幾何公差	平面度 平行度 直角度等	▱ 0.05 ∥ 0.05 A ⊥ 0.05 A	以面之類的形狀為主

以數值標註的尺寸公差

標註 ±（正負）時

例）20±0.1

這是公差中最常使用的符號。以尺寸數值（基本尺度）為中心，分別表示上限的容許範圍與下限的容許範圍。

當上限的容許範圍與下限的容許範圍相同時，以 ±（正負）表示。以下讓我們來看看20±0.1的範例。

此時，容許上限值（最大容許尺寸）為尺寸值20加0.1等於20.1。而容許下限值（最小容許尺寸）則是尺寸值20減0.1等於19.9。換句話說，當尺寸標註成20±0.1時，就表示加工的時候必須把尺寸控制在19.9到20.1之間。

公差分成上下兩列來標註時

例）20 +0.3 / -0.2

那麼，當尺寸數值的上限容許範圍與下限容許範圍不同時，該如何標註才好？這時候的公差就要分上下兩列標註在尺寸數值的右側。

標註時，上列是標註上限容許範圍，下列是標註下限容許範圍。以範例來看，上限值（最大容許尺寸）為20加0.3等於20.3，而下限值（最小容許尺寸）則是20減0.2等於19.8。因此，加工時只要尺寸控制在19.8到20.3之間便算合格。

公差分成上下兩列、但正負相同時

```
                    +0.3
     例）20          +0.2
```

　　接著，讓我們一起看看此範例。本範例的上限值與前例相同都是
20.3。但請注意下限值的符號與前例不同，為正符號（＋）。此時，下限值
是20加0.2等於20.2。也就是說按照標註的尺寸，加工時要控制在20.2到
20.3之間才算合格。

下限等於原本的尺寸數值時

```
                    +0.2
     例）20           0
```

　　當下限等於尺寸數值時，該如何標註？此時，把下限值的公差標註成
0即可。
　　以本範例來說，就是加工時要把尺寸控制在20.0到20.2之間。

上限等於原本的尺寸數值時

```
                     0
     例）20          -0.3
```

　　本範例與前例恰巧相反。由於上限等於尺寸數值，所以上限值的公差
要標註成0。本範例的上限值是20.0，下限值是20減0.3等於19.7。

通用公差的概念

省略個別標註，統一標註公差

　　如前所述，設計者必須要標示所有尺寸的公差。但實務上要標註出所有公差對設計者來說是相當大的負擔。而且，整個圖面還會因此變得更加複雜、不好理解。所以，此時便要運用一種稱為通用公差（general tolerance）的概念。

　　所謂通用公差就是事先訂好公差的相關規則，以統一標註代替個別標註。

　　換句話說：

> 1）由設計者決定公差的相關規則（通用公差），
> 2）然後讓閱圖者知道，本圖面上所標註的尺寸公差都請依照此規則。
> 3）惟圖面上不適用此規則的尺寸公差會另外標示，此時請以圖面上個別標註的公差為準。

　　若以這個概念製圖，就不需標註出所有尺寸的公差，設計作業相對地也變比較輕鬆，圖面也會比較易讀。

　　另外，通用公差也可稱為一般公差。

如何訂立通用公差？

　　JIS規格有規定通用公差。公差等級可區分成四種等級，分別為精級、中級、粗級、極粗級（編按：台灣CNS規格，公差等級區分為18等級，以IT01、IT0、IT1、IT2……IT16標示；IT01級之公差最小，精度最高。識讀邏輯與JIS相同）。設計者可以從這四種等級當中選出適用的等級來運用。

通用公差的標註位置

通常我們會在圖面上標註選用的通用公差。雖然標註位置可自行決定，但一般來說大多都會標註在第4章所提過的標題欄旁邊。

通用公差一覽表

JIS規格所規定的通用公差如以下所示。

尺度欄位中所標註的「以上」與「以下」，皆有包含該數值。另外，未滿0.5mm的尺寸也要標註出來。

要選用哪個等級，需視該物件所要求的精度而定。雖然業種也有影響，不過一般大多選用中級與粗級。

表10　通用公差

（單位：mm）

尺度		公差等級			
		精級 （f）	中級 （m）	粗級 （c）	極粗級 （v）
0.5以上	3以下	±0.05	±0.1	±0.2	－
大於3	6以下	±0.05	±0.1	±0.3	±0.5
大於6	30以下	±0.1	±0.2	±0.5	±1
大於30	120以下	±0.15	±0.3	±0.8	±1.5
大於120	400以下	±0.2	±0.5	±1.2	±2.5
大於400	1000以下	±0.3	±0.8	±2	±4
大於1000	2000以下	±0.5	±1.2	±3	±6
大於2000	4000以下	－	±2	±4	±8

讀懂通用公差

那麼，當圖面上標註通用公差為中級時，與20mm對應的公差就可以參考前述的通用公差表（表10）。

表10上方有公差等級的欄位。由於本範例是標註中級，所以我們要看公差等級欄位左邊數來的第2欄「中級」；而尺度則要看最左邊的欄位，由於20mm符合第3列的「大於6、30以下」，所以從此欄位再往右移動兩欄，便可得知公差為±0.2。因此，當此範例的尺寸標註為20mm時，代表公差就是±0.2。同樣地，當尺寸標註為50mm時，因為符合尺度欄位中的第四列「大於30、120以下」，所以公差變為±0.3。

需要個別標註公差的情況

不過，在實務上通用公差也有不適用的時候。例如，某個被標註為20mm的尺寸只能有±0.1的公差時，若依照通用公差的中級規則，這個公差就會變成±0.2，相當麻煩。

此時，我們便需要個別標註出這個尺寸的公差，也就是20±0.1。當圖面上必須個別標註公差時，就不必遵循通用公差的規則，只要依照所需來標註公差即可。

JIS規格以外的通用公差

萬一JIS規格的通用公差幾乎無法因應實際需求，結果只能在圖面上一個個標註出公差時，便失去使用通用公差規則的優勢了。此時也可以由公司內部自行訂立規則。不過，有一點要特別注意，因為公司內部訂立的規格並不適用於外部，所以提供給公司外部時，必須要告知對方這個圖面所運用的規則，設計者通常也都會在圖面上加註。

【當圖面上的通用公差標註為「JIS的中級」時】

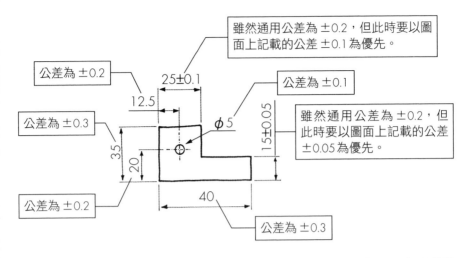

雖然通用公差為 ±0.2，但此時要以圖面上記載的公差 ±0.1為優先。

公差為 ±0.2

公差為 ±0.1

雖然通用公差為 ±0.2，但此時要以圖面上記載的公差 ±0.05為優先。

公差為 ±0.3

公差為 ±0.2

公差為 ±0.3

這個圖面上標註了7個尺寸；不過，由於運用通用公差的規則，其中有5個公差不需要特別標註，只要標註通用公差以外的兩個公差即可，相當方便。

圖147　通用公差的範例

最後，讓我們彙整公差的閱讀方法。

表11　公差標註範例

公差標註內容	最小值（最小容許尺寸）	最大值（最大容許尺寸）
40（無標註公差）	遵循通用公差	
40±0.1	39.9	40.1
40 +0.05 / 0	40.00	40.05
40 0 / -0.1	39.9	40.0
40 +0.07 / +0.02	40.02	40.07
40 -0.05 / -0.08	39.92	39.95
40 +0.5 / -0.2	39.8	40.5
（40）	（　）內為參考尺寸，不適用公差。	

連續式標註法與基線式標註法的差異

在第5章學習標註尺寸時，得知圖面傳達的意義會依標註方法而異。現在，讓我們從通用公差的觀點來解釋差異處。

這裡我們沿用第5章所使用的範例。下圖是以連續式標註法與基線式標註法所標註的圖面。

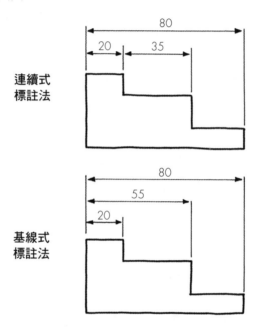

圖148　各種標註尺寸的範例

接下來，讓我們個別確認從A點到B點的尺寸以及公差。此時，通用公差依照JIS規格中的中級標準。

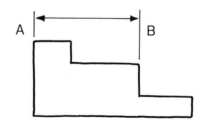

圖149　從A點到B點的公差為何

首先，讓我們確認以連續式標註法所標註的公差。從通用公差表可得知，20mm的公差是 ±0.2mm、35mm的公差是 ±0.3mm。

然後，我們藉由兩個尺寸相加來計算55mm的公差。由於55mm的上限值為20mm與35mm的上限值相加，可以得出20.2mm+35.3mm=55.5mm。而55mm的下限值則是兩個尺寸的下限值相加，也就是19.8mm+34.7mm=54.5mm。這麼一來，可得知55mm的公差介於54.5mm到55.5之間，彙整成公式則為55mm±0.5mm。

這樣說也許很多餘，但其實公差是用加法演算出來的。以剛才的範例來說，±0.2mm加上 ±0.3mm，就等於剛才求出的 ±0.5mm。

接著，讓我們來看看基線式標註法，由於圖面上標註了55mm，所以可從通用公差表得知公差是 ±0.3mm。彙整成公式則為55mm±0.3mm。

綜觀上述內容，AB間的公差以連續式標註法可得55mm±0.5mm，與基線式標註法得到的55mm±0.3mm不同。由此可知，運用不同的標註法，圖面所傳達的意義會完全不一樣。

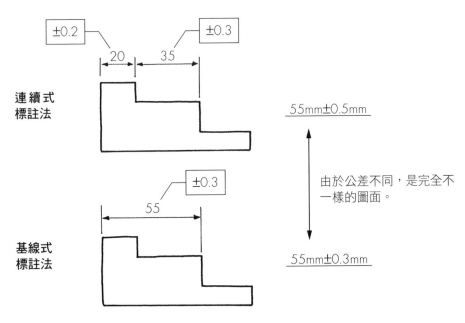

圖150　公差不同，圖面也不一樣

以符號表示軸孔配合公差（嵌合公差）

認識軸孔配合公差（嵌合公差）

　　以符號標註的公差為孔徑與軸徑的公差。因為機能上的需求，物件經常會有將軸插入孔內的設計。

　　此時，孔與軸的接合關係稱為嵌合。這個嵌合有兩種方式：（1）當孔徑比軸徑大、且具有縫隙時，稱為「餘隙配合」。（2）反之，當軸徑比孔徑大、產生干涉時，稱為「干涉配合」或「壓入配合」。

餘隙配合與干涉配合

　　餘隙配合（clearance fit）因為孔與軸之間具有縫隙，可以徒手插入。當軸需要重複插入孔內、或者軸需要回轉時，皆使用這種餘隙配合。

　　另一方面，干涉配合（interference fit，又稱壓入配合）由於軸徑比較大，所以無法徒手使其與孔嵌合。通常都會使用塑膠榔頭或木槌等工具來敲打。當我們要將軸固定在孔上時，就會採用干涉配合。實務上，業界也習慣稱之為壓入配合。

【孔與軸之間的關係】

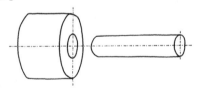

【餘隙配合】　　　　　　　　　　　　【干涉配合（壓入配合）】

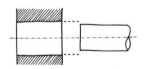　　　　　　　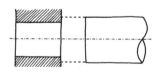

孔比較大時，稱為「餘隙配合」。　　　軸比較大時，稱為「干涉配合」。

圖151　餘隙配合與干涉配合（壓入配合）

為何要以符號標註公差

　　孔與軸之間的縫隙大小須視物件機能的必要性而定。有時候要盡可能地縮小縫隙，盡量控制孔與軸之間的晃動程度。此時，縫隙寬度從幾微米（micrometre）到數十微米都很常見。縫隙寬度是孔徑與軸徑的差，為了將這個寬度控制在微米等級以內，孔徑與軸徑也必須要分別列出微米公差。

　　可是，如果設計者每次都要考量這個千分之一公釐的公差，便會很傷腦筋。雖然花時間就能做到，但並不具設計效率。

　　因此，首先將公差依種類分組，並為每一類公差標上符號。然後設計者再從這些符號當中選出需要的公差。透過這樣的概念，設計者就不需要每次都為公差數值傷透腦筋，而且藉此也能有效提升設計效率。這些公差的種類是依照JIS規格而定。只是，當縫隙可以大一點，例如十分之一公釐時，在設計上較無壓力，此時便可以不使用符號，以前述的數值來標註公差即可。

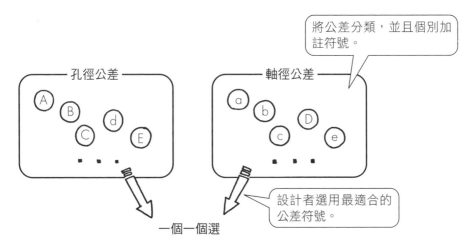

圖152　以符號標註公差

標註公差的符號

　　在 JIS 規格中，孔的公差符號是英文大寫，從 A 到 ZC 總共分成 28 組。而軸的公差符號則是英文小寫，也是從 a 到 zc 的 28 組。然後，在每個文字後面再加註數字，以區分等級（編按：表示方式同 CNS 規格）。

> ●標註孔：「∅直徑數值」+「公差符號（英文大寫）」
> 　　　　（例）∅4H7
> ●標註軸：「∅直徑數值」+「公差符號（英文小寫）」
> 　　　　（例）∅4g6

　　如上所述，公差符號的種類如此之多，且孔公差與軸公差間的組合方式更是多如牛毛，也因此實務上真正使用的搭配組合相當有限。

　　另外，雖然依業種不同而有所差異，但孔徑以 H7 公差最常見。至於軸徑，若採用餘隙配合時多是搭配 g6 公差；若採用干涉配合（壓入配合）則常搭配 r6 或 p6 的軸公差。

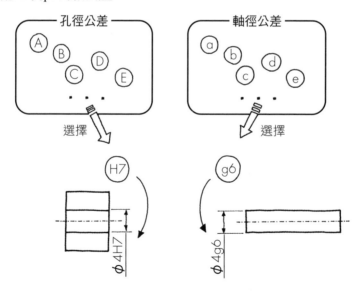

圖 153　公差符號的範例

表12　經常使用的公差符號組合

	孔徑公差	軸徑公差	概要
餘隙配合	H 7	g 6	幾乎不會搖晃，相當精密的嵌合。
干涉配合（壓入配合）		r 6	一般的壓入公差。
		p 6	比r6更寬鬆的壓入公差。

表13　軸孔配合公差（嵌合公差）一覽表

尺度		孔徑公差（μm）	軸徑公差		
			餘隙配合	干涉配合（壓入配合）	
尺寸標準（mm）		H7公差	g6公差	p6公差	r6公差
大於	以下				
—	3	+10 / 0	-2 / -8	+12 / +6	+16 / +10
3	6	+12 / 0	-4 / -12	+20 / +12	+23 / +15
6	10	+15 / 0	-5 / -14	+24 / +15	+28 / +19
10	18	+18 / 0	-6 / -17	+29 / +18	+34 / +23
18	30	+21 / 0	-7 / -20	+35 / +22	+41 / +28
30	50	+25 / 0	-9 / -25	+42 / +26	+50 / +34
50	65	+30 / 0	-10 / -29	+51 / +32	+60 / +41
65	80				+62 / +43

*請注意孔徑公差與軸徑公差的單位是「微米（μm）」。

看懂孔徑的公差符號

符號對應的公差值，可參考上一頁JIS規格的軸孔配合公差（嵌合公差）一覽表（表13）。以下用具體範例說明。

範例是直徑12mm、公差為H7的孔，以符號來看即是∅12H7。

尺度欄在左側，直徑12mm符合第四列的「大於10、18以下」。我們讀取這一列與H7公差欄位交叉的兩列數值，上列是+18，下列是0。這兩個數值就是公差，請注意單位是「微米（μm）」。這個數值除以一千可換算成公釐。因此，∅12H7可用數值標註成∅$12^{+0.018}_{0}$。

根據前面所學，這代表公差介於∅12.000到∅12.018之間皆屬合格。

```
                                    +0.018
    例）φ12H7  ⇒   φ12      0
```

看懂軸徑的公差符號

接著，以同樣步驟看∅12g6的公差。由於尺度為直徑12mm，所以要讀取第4列與g6公差交叉的那一欄，上列是-6，下列是-17，然後將微米除以一千換算成公釐等於∅$12^{-0.006}_{-0.017}$。

這代表公差介於11.983到11.994之間皆屬合格。

```
                                    -0.006
    例）φ12g6  ⇒   φ12    -0.017
```

充電站 縫隙（又稱空隙，clearance）的讀法

縫隙又稱為空隙（clearance）。這裡讓我們以具體範例算出∅12H7的孔與∅12g6的軸嵌合時的縫隙寬度。

我們剛剛有以數值來掌握孔與軸的公差，現在同樣藉由這些數值來算出縫隙寬度，求出此縫隙的最小值與最大值兩個數值。接下來，讓我們先從最小值算起。

在公差範圍內把孔加工成最小值，並且搭配在公差範圍內把軸加工成最大值的組合，便是縫隙最小值。所以，孔的最小值12.000mm與軸的最大值11.994的差便為0.006mm。

接著，在公差範圍內把孔加工成最大值，並且搭配在公差範圍內把軸加工成最小值的組合，便是縫隙最大值，因此可以得知，孔的最大值12.018mm與軸的最小值11.983的差是0.035mm。綜合以上結果可以算出∅12H7的孔與∅12g6的軸嵌合時的縫隙會介於0.006mm～0.035mm之間。還有，因為受溫度影響可能會有熱膨脹的問題，所以依照規定決定這些尺寸時溫度要控制在20℃。

表14　公差符號與實際的尺寸

公差		類別	實際尺寸（mm）		
φ12H7	φ12　+0.018　　0	最大值	12.018		
		最小值	12.000	最小縫隙	最大縫隙
φ12g6	φ12　-0.006　-0.017	最大值	11.994		
		最小值	11.983		

＊最小縫隙=12.000-11.994=0.006（mm）
＊最大縫隙=12.018-11.983=0.035（mm）

認識幾何公差

用於形狀的幾何公差

相較於之前介紹的尺寸公差，對於幾何公差這個用語可能比較陌生。由於幾何公差運用於形狀，所以概念較難具體敘述；不過，以下試著以淺顯易懂的方式依序說明。

幾何公差總共有14種，本書中僅針對其中四種加以說明。

表15　幾何公差的種類

幾何公差的種類		公差符號	本書說明項目
形狀公差	真直度	─	
	真平度	▱	○
	真圓度	○	
	圓柱度	⌀	
	曲線輪廓度	⌒	
	曲面輪廓度	◠	
方向公差	平行度	∥	○
	直角度	⊥	○
	傾斜度	∠	
定位公差	位置度	⊕	
	同軸度與同心度	◎	○
	對稱度	⚌	
偏轉公差	圓偏轉度	↗	
	總偏轉度	⫽	

認識真平度

真平度是針對物件的其中一面。標註真平度代表這個表面沒有翹曲或彎曲，是一個平整光滑的平面。

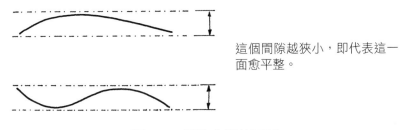

這個間隙越狹小，即代表這一面愈平整。

圖154　平整光滑的平面

舉例來說，以下我們用物件的某個表面（假設稱為A面）來說明當「真平度符合0.05」會形成什麼樣的狀態。

首先，準備兩片完全平整的玻璃板。使這兩片玻璃板平行，接著把玻璃板之間的縫隙固定在0.05mm。A面只要能放進這個縫隙之間，即代表符合真平度0.05mm。當A面有翹曲、其中一部分超出限定範圍時，即代表不符合真平度0.05mm。

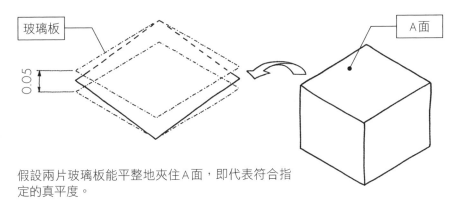

玻璃板

0.05

A面

假設兩片玻璃板能平整地夾住A面，即代表符合指定的真平度。

圖155　真平度的意義

讓我們從側面確認玻璃板的狀態。

由於圖156的（a）與（b）皆可放在兩片玻璃板之間的0.05mm縫隙內，所以符合真平度0.05mm。另外，圖157的（a）與（b）有一部分超出限定範圍了，所以不符合真平度0.05mm。

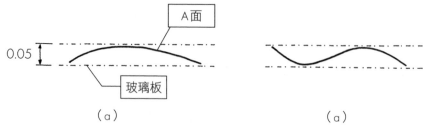

圖156　合格的範例

圖157　不合格的範例

幾何公差有特定的標註方法。

把「真平度公差的符號」與「公差值」這兩個項目記載在長方形空格內，然後再用箭頭指出想要標註的面（編按：同CNS規格標註方式）。

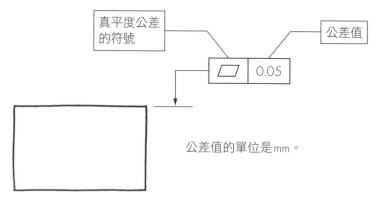

圖158　標註真平度

這個平面是否平整無法用先前學習的尺寸公差來標註。

以下舉例說明。

由於上方表面必須平整，因此必須嚴格設定尺寸公差。

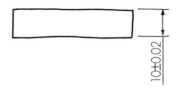

圖159　真平度範例①

不過，如下圖所示，即使物件有翹曲，但只要厚度符合尺寸公差，也算合格。

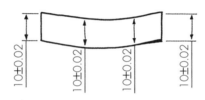

圖160　真平度範例②

因此，使用真平度這種幾何公差，可在必要的面上標註真平度。由於本範例是要求上方表面的真平度，所以可標註如下圖。

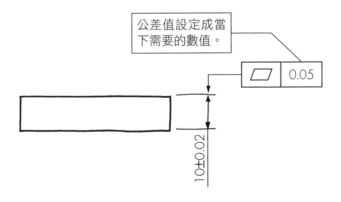

圖161　真平度與尺寸公差

認識平行度

雖然名詞很像剛才的真平度，但平行度是以兩個面為主。下圖是比較極端的範例，平行度用來表示B面與C面的平行程度。

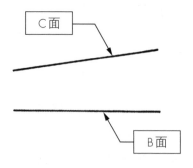

圖162　平行程度

以下用實例來說明「B面與C面符合平行度0.02」的狀態。這次我們要準備3片完全平整的玻璃板。以1片當作基準，然後剩下的2片平行放置，並且把這2片的縫隙固定在0.02mm。當使物件B面緊貼做為基準的玻璃板，而C面沒有超出0.02mm的縫隙時，即代表這兩個面符合平行度0.02mm。

步驟（2）當C面可放至兩片玻璃板之間時，即代表符合指定的平行度。

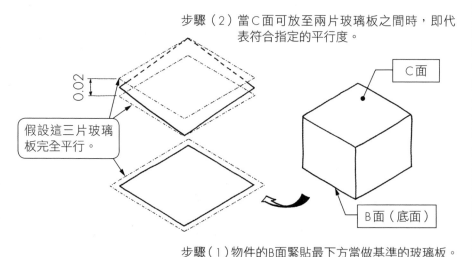

步驟（1）物件的B面緊貼最下方當做基準的玻璃板。

圖163　平行度的意義

讓我們從側面確認玻璃板的狀態。

首先貼緊B面，並判斷C面的偏差是否在0.02mm的限定範圍內。

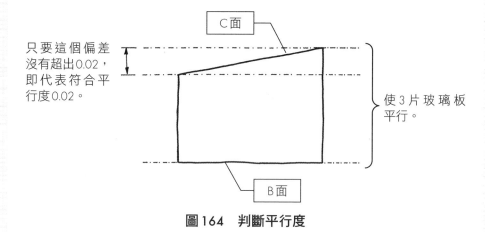

只要這個偏差沒有超出0.02，即代表符合平行度0.02。

使3片玻璃板平行。

圖164　判斷平行度

標註方法須同時註明於兩處，分別是基準面與以基準面為對象的平面。基準面加註英文字母，而以基準面為對象的平面則要標示出「平行度公差符號」、「公差值」，以及「基準面的代號」三個項目（編按：同CNS規格標註方式）。

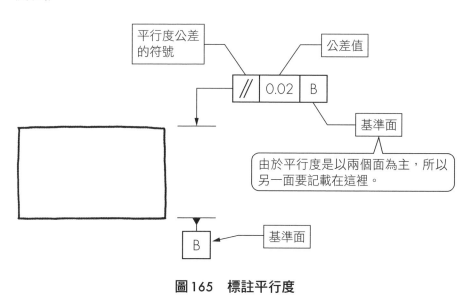

平行度公差的符號

公差值

基準面

由於平行度是以兩個面為主，所以另一面要記載在這裡。

基準面

圖165　標註平行度

認識直角度

直角度也是以兩個面為主。所謂直角度是指D面和E面構成直角的程度。

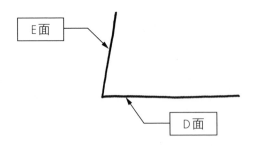

圖166　構成直角的程度

以下用實例說明「D面與E面符合直角度0.03」的狀態。

這次我們要準備3片完全平整的玻璃板。把1片放平當做基準,然後將剩下的2片立直,與這片平放的玻璃板形成直角。

當使物件D面緊貼做為基準的玻璃板,而E面沒有超出0.03mm的縫隙時,即代表這兩個面符合直角度0.03。

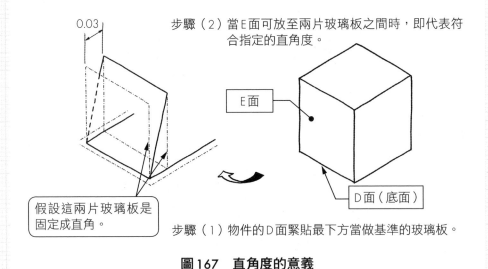

圖167　直角度的意義

讓我們從側面確認玻璃板的狀態。

首先貼緊D面，並判斷E面的偏差是否在0.03mm的限定範圍內。

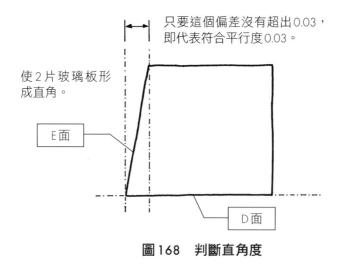

只要這個偏差沒有超出0.03，
即代表符合平行度0.03。

使2片玻璃板形
成直角。

E面

D面

圖168　判斷直角度

標註方法與平行度一樣，除了標註基準面外，以基準面為對象的平面
也同樣要將三項數值與符號填入長方形空格內。

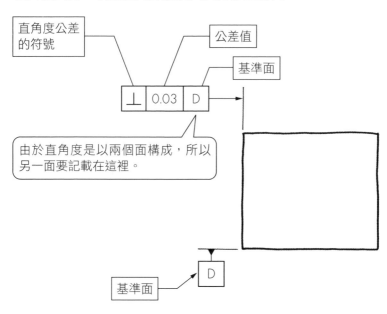

直角度公差
的符號

公差值

基準面

⊥　0.03　D

由於直角度是以兩個面構成，所以
另一面要記載在這裡。

D

基準面

圖169　標註直角度

認識同軸度

當圓柱形狀為多段式時，要標示出每個圓柱中心軸的偏離程度。

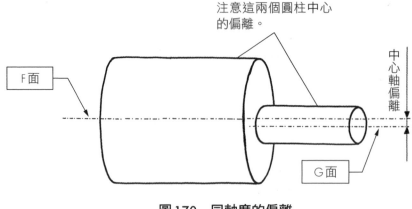

圖170　同軸度的偏離

舉例來說，直徑較大的圓柱中心軸為F軸，直徑較小的圓柱中心軸為G軸，以下說明「F軸與G軸的同軸度符合0.05」的狀態。首先，我們要把做為基準軸的F軸中心位置當作中心，並繪製∅0.05的圓。當G軸的中心位置落在這個圓內時，即代表符合同軸度0.05。

也就是說，公差值愈小，F軸與G軸中心位置的偏離也愈小。

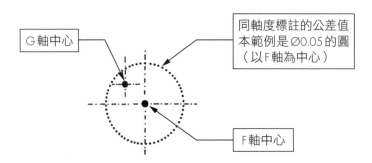

只要G軸的中心位置落在以基準軸F軸中心位置為圓心的∅0.05圓內，即代表符合指定的同軸度。
由於本圖例落在∅0.05的圓內，所以符合指定的同軸度。

圖171　同軸度的意義

標註方法與平行度、直角度一樣，除了標註出基準面外，以基準面為對象的平面也同樣要將三項數值與符號填入長方形空格內。而公差值另外加註直徑∅符號為標註同軸度時的特徵。

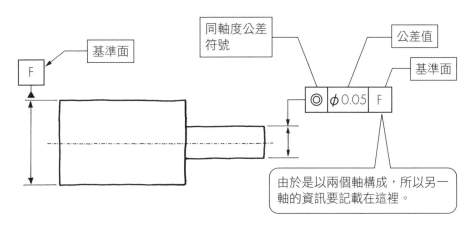

圖172　標註同軸度

充電站 關於參考尺寸的（　　）

　　我們在第6章學習到公差的相關概念，也學習到尺寸依照不同的標註方法會因通用公差而形成意義不同的圖面。

　　但另一方面，不管是設計上的需求或是為了讓加工者理解，有時候即使知道公差方面有所矛盾，也會希望將尺寸數值全部標註上去。例如，先標註各個尺寸後，再將整體相加的尺寸標註上去。

　　如下圖所示，當必須個別計算尺寸公差時，這樣的標註方式並沒有錯；不過，加工者要是想要知道整體尺寸，就必須以（20+35+25）的方式相加計算，這對加工者而言無疑是一大負擔。

　　正因為如此，才會考慮加註整體尺寸，但如果就這樣標註上去，會被以為整體尺寸也要適用通用公差，如此一來，一定會與以個別標註尺寸計算的公差有所矛盾。為了解決這個問題，避免讓整體尺寸套用進通用公差的方法，便是以（）標註，僅當作參考尺寸使用。

因為這個標註為80的尺寸有加上（　　），代表僅供參考。不適用於通用公差。

這三個尺寸適用於通用公差。

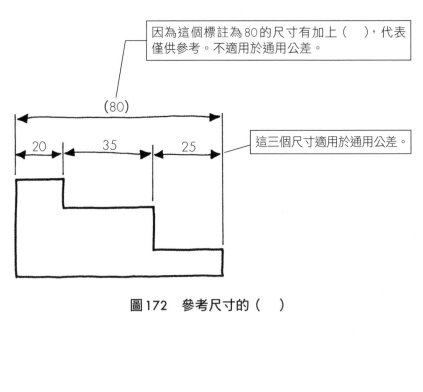

圖172　參考尺寸的（　　）

第 **7** 章

讀懂表面粗糙度

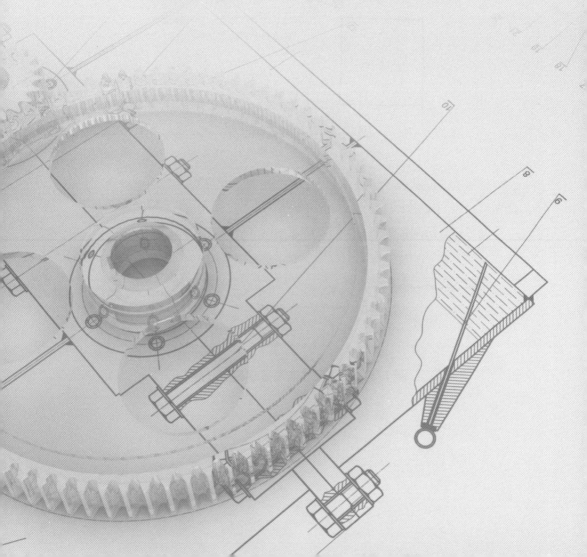

為何需要標註表面粗糙度

認識表面粗糙度

仔細觀察物件表面時，可以發現有些表面相當平整光滑，有些則凹凸不平。不過，有時即使用手觸摸感到光滑平整，一旦放大來看，便可以發現表面也同樣凹凸不平。這些凹凸程度稱為表面粗糙度。在日本JIS規格的最新改版中，這個名稱被更新為「表面性狀（表面狀態）」（譯註：台灣仍以「表面粗糙度」為主）。

看起來光滑的表面，經過放大後仍是凹凸不平。

圖174　物件的表面狀態

這樣的表面狀態無法以先前學習的尺寸標註來呈現。舉例來說，下面兩張圖是相同尺寸，但表面狀態卻不同。

為了區分這兩張圖面，表面狀態必須有別於尺寸、另行標註才行。

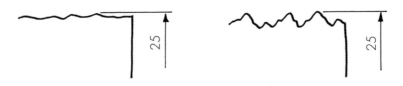

圖175　標註尺寸無法呈現表面狀態

表面粗糙的程度需視必要的機能與成本而定

平整光滑的表面不一定是理想的表面。例如電氣測定端子的前端為了提升測量精度，表面必須具有相當程度的粗糙度，又或者物件底面因為具有粗糙度所以安定性高、不易滑動等。

另一方面，當需要平整光滑的表面時，為了無限接近平整必須施加專業加工，因此加工成本也會增加。

由上述可知，設計者必須將必要的機能與加工成本列入考量，以訂立最適當的表面粗糙度。

如何標註表面粗糙度

表面粗糙度是表面波谷最小值（最低點）與波峰最高值（最高點）的差。表面粗糙度的數值越小，代表表面愈平整光滑。

圖面尺寸的單位是公釐（mm），而表面粗糙度的單位則是微米（μm）。因為表面粗糙度用公釐表示會有小數點，讀取上較為不便。微米是千分之一公釐。

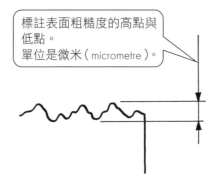

標註表面粗糙度的高點與低點。
單位是微米（ micrometre ）。

圖176　將表面粗糙度數值化

表面粗糙度的符號

以前舊制的JIS符號現在也適用

標註表面粗糙度的JIS符號至今已經重複修訂多次，所以現行使用的符號也併用了以前的舊制符號，加起來總共三種。將三種符號合併使用的原因，其實是因為即使JIS符號已經修訂更新，但若要把過去繪製好的圖面符號全部更改，將會耗費相當浩大的工程。以下說明三種JIS符號的演變。

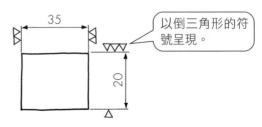

圖177　早期符號的範例（JISB0031：1982）

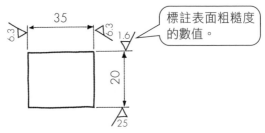

圖178　舊制符號的範例（JISB0031：1994）

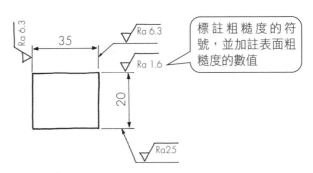

圖179　現行符號的範例（JISB0031：2003）

JIS符號的3種標註方式與粗糙程度

不同的表面粗糙度會標註什麼樣的符號？讓我們從以下彙整的一覽表一窺究竟。

表16　表面粗糙程度與符號

程度		早期符號 （JISB0031：1982）	舊制符號 （採用Ra時） （JISB0031：1994）	現行使用符號 （採用Ra時） （JISB0031：2003）
平整光滑 （成本高）	超光面	∇∇∇∇	0.2 ∇	∇ Ra 0.2
	精切面	∇∇∇	1.6 ∇	∇ Ra 1.6
	細切面	∇∇	6.3 ∇	∇ Ra 6.3
凹凸不平 （成本低）	粗切面	∇	25 ∇	∇ Ra 25
	素材	～	⟨	⟨

以下為上述各等級的分類基準。

表17　表面粗糙程度的分類基準

程度	說明
超光面	極光滑的表面，需透過專業加工法來處理。 （研磨、拋光、擦光等）加工成本高。
精切面	精密處理的表面、或H7／g6等軸的嵌合面等。
細切面	一般的加工面。 使用車床、銑床加工，較具經濟效益。
粗切面	不重要的表面。 當表面允許凹凸不平時，可選用此等級。

將表面粗糙度數值化的方法以及中心線平均粗糙度（Ra）

如同前述，所謂表面粗糙度指的是波谷與波峰之間的差。早期的符號只有標註符號，並未將其數值化，後來舊制符號與現行的符號都已經更新，以數值方式呈現。

有三個方法可以數值化。

其中最常用的是Ra（中心線平均粗糙度）。

Ra是Roughness Average的縮寫。這是在指定長度中算出最低點與最高點的平均差，以獲得平均化數值的方法，透過這個方法可以降低極端值如刮傷等的影響。

另外，將波谷最小值（最低點）與波峰最高值（最高點）的差數值化的是Rz（最大粗糙度）。

這個方法運用於不容許出現任何一處刮傷時。

表18　表面粗糙度的種類

符號	名稱	說明
Ra	中心線平均粗糙度	在指定長度中算出凹凸之間的平均值。取得平均值，可減少極端值如刮傷等影響。此為一般最常用的方法。
Rz（譯註：台灣現行使用 Rmax；Rz 則表示十點平均粗糙度）	最大粗糙度	在指定長度中，求出波谷最小值（最低點）與波峰最高值（最高點）之間的差。這個方法運用於不容許出現任何一處刮傷時。
Rzjis（舊規格的Rz加上jis符號）	十點平均粗糙度	在指定長度中，找出5處波谷最小值（最低點）與5處波峰最高值（最高點），共計10處，藉此算出平均值的方法。

※請注意，在 JIS B 0601:2001 中，Rmax 已經更新成 Rz，Rz 則更新成 Rzjis。

早期符號所代表的意思（JISB0031：1982）

　　早期符號是以▽表示。由於▽為模擬刀具形狀的符號，所以▽的數量愈多，代表加工程序愈多，即表面愈平整光滑的意思。

　　由於物件的表面粗糙度完全是依照▽的數量而定，相當程度上算是憑感覺作業，即便如此當時在運用上並沒有產生什麼太大的問題。

　　不過，隨著技術進步，現在愈來愈講求加工精度，這種依賴感覺的指標也逐漸成為問題，因為很容易造成設計者與加工者之間的認知落差。為了因應此現象，才有後續我們要介紹的修訂，以數值來呈現表面粗糙度。

　　另外，可以測量千分之一公釐的高精度表面粗糙度測量儀被開發出來並大量普及，也是修訂的主要原因之一。

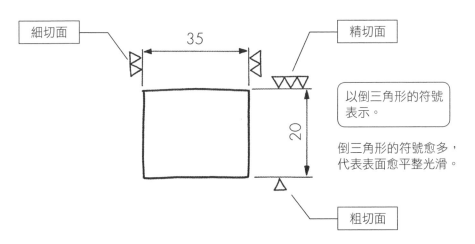

圖180　早期符號的範例

舊制符號所代表的意思（JISB0031：1994）

　　舊制符號是在▽正上方加註中心線平均粗糙度的數值。但省略了中心線平均粗糙度的Ra符號。

　　還有，表面粗糙度的加工方法也可同時標註在▽的右上方。加工方法雖然可指定為車床、銑床切削、鑽頭加工等，但實務上這些加工方法都是委由加工者決定，並不需特別指示。

　　不過，需要用磨床做研磨加工時，通常都會加註上去。研磨（輪磨）加工的指示符號是「G（Grinding的簡寫）」（編按：台灣也會以「輪磨」標註）。

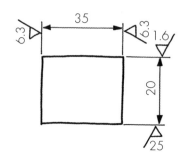

【沒有指示加工方法時】　　　　　　　【有指示加工方法時】

圖181　舊制符號的範例

現行符號所代表的意思（JISB0031：2003）

　　現行符號會一併標註中心線平均粗糙度的 Ra 符號。標註最大粗糙度時會寫成 Rz（編按：台灣現行使用 Rmax）。然後與舊制符號一樣，必要時會加註加工方法。

　　以現行符號來說，下方與右方的標註是用箭頭拉出線條來另行加註。

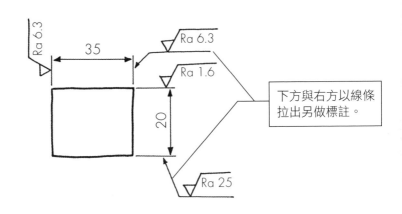

【沒有指示加工方法時】　　　　　**【有指示加工方法時】**

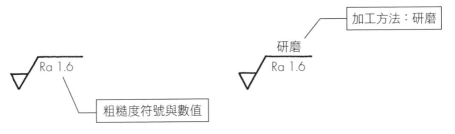

圖182　現行符號的範例

直接採用材料素材的面

透過剛才的表16可瞭解粗糙度分成五個等級。最下面的「素材」等級是指沒有經過加工的面。也就是說，當無需加工，想要直接運用材料進貨時的表面狀態時，可以選用此等級。例如，購入寬19mm、厚6mm的扁鋼，然後直接沿用扁鋼原來的表面，這樣一來，這個立方體的六個面中，需要加工的只有長度方向的兩個面而已，將可以大幅降低加工成本。

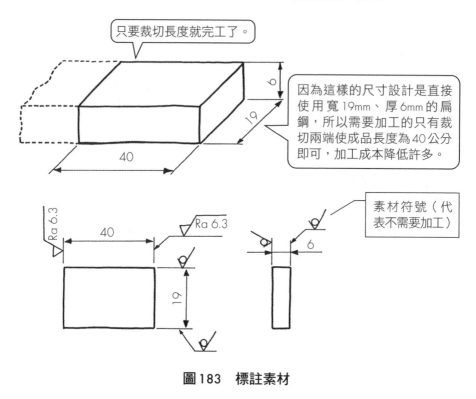

只要裁切長度就完工了。

因為這樣的尺寸設計是直接使用寬19mm、厚6mm的扁鋼，所以需要加工的只有裁切兩端使成品長度為40公分即可，加工成本降低許多。

素材符號（代表不需要加工）

圖183　標註素材

素材的表面粗糙度依材料種類而異。一種稱為拋光鋼材的材料表面具有「精切面」的光滑度，而稱為黑皮的材料表面則相當粗糙，甚至比五個等級中的「粗切面」還要粗糙。

設計者要考量市售的鋼材表面粗糙度，然後選用能將加工成本控制在最低限度的材料與尺寸。

實務上使用簡略法

雖然理論上設計者必須指示所有表面的表面粗糙度，但在現實面上卻是一大負擔，而且圖面也會變得複雜難懂。因此，實務上都會運用簡略的方法標註。

這裡所說的簡略法是在圖面中宣告最常用的表面粗糙度，然後其他的表面粗糙度則是於必要時再個別標上。

圖面內的宣告大多都會記載在圖面的最上方，為了幫助閱圖者理解，那些個別標註的符號會在這個宣告內容右邊以（）加註上去。因此，閱圖者可以一目了然該物件所要求的表面粗糙度為何。

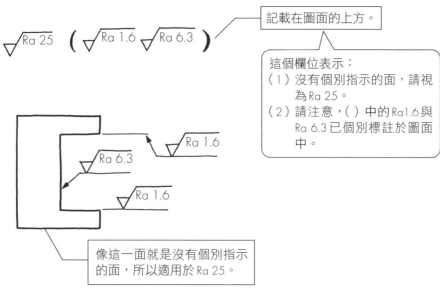

記載在圖面的上方。

這個欄位表示：
（1）沒有個別指示的面，請視為 Ra 25。
（2）請注意，（）中的 Ra1.6 與 Ra 6.3 已個別標註於圖面中。

像這一面就是沒有個別指示的面，所以適用於 Ra 25。

圖184　簡略法

如上圖例所示，原本有八個面必須標上表面粗糙度符號，但若運用簡略法，就只要標註三個面即可，使圖面看起來更簡潔扼要。

充電站 超光面的難度

　　最平整光滑的「超光面」要使用專業加工機來加工，加工難易度提升不說，就連後續的使用也有相當難度。

　　這個「超光面」是微米等級，相當於千分之一～萬分之一公釐。因為就連測定端子稍微接觸就會刮傷，所以是使用非接觸式的測量儀。

　　因為輕輕接觸就會有傷痕，所以無論搬運或包裹等，在加工以外的作業程序也都要十分小心。

充電站 表面粗糙度的學習

　　表面粗糙度是一門相當深奧的領域。尤其是如何掌握表面粗糙度的理論，更是難上加難。

　　我們在第7章中介紹了實務上幾乎所有可網羅的範圍。

　　但是若讀者擔任品管等職務，需要鑽研比本書內容還深層的知識時，可活用銷售表面粗糙度測量儀的廠商所發行的技術資料，必定有助於學習。

第 **8** 章

讀懂其他標註內容

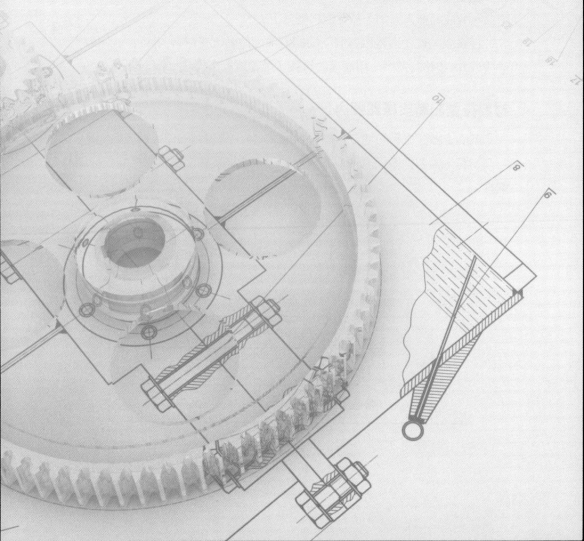

材料的標註符號

本章學習內容

本章介紹標題欄上的材料標記，以及學習如何在圖面上標註焊接、螺絲、彈簧等符號。

為何要以符號標註材料

我們平常談到材料時，都是使用鐵、鋁或銅等名稱。不過，在製造業裡必須更詳細地指示才行。因為即使稱為鐵，還是可以細分出許多種類，需視碳含量或其他金屬含量的多寡而定；像是鋁從1000系列到7000系列總共可分成七種大分類，甚至能再細分下去。

實務上，實在很難用各個不同的名稱來命名這些材料，因此，才會演變成以JIS規格為基準，用簡潔的符號（或編號）來標註。

材料符號記載於標題欄內

圖面上標註材料的地方，是我們在第4章中學習到的標題欄。

還有，需要做表面處理或熱處理時，也要把這些工法一併標註在標題欄裡。

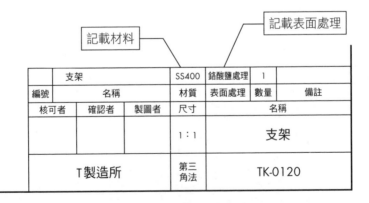

圖185 標註材料符號

鐵系的材料符號

由於材料符號的種類多不勝數，本章僅針對主要元素做說明。

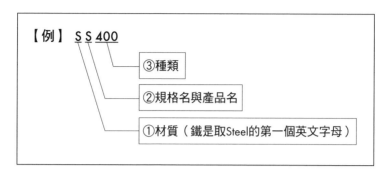

本範例中的SS400是被稱為一般結構用軋製鋼料的種類。①的位置是標註材質，這裡取鋼鐵英文名Steel的第一個英文字。②是標註規格名與產品名，同樣也是取英文名的第一個英文字母標註，這裡的S是結構Structure中的S。而③標註的種類是材料強度中的最低抗拉強度以及材料編號的種類。這裡標註的400是指「抗拉強度為400N/mm^{2}以上」的意思。

做為例外，機械結構用碳鋼是標註成「S45C」。S是指鋼鐵的S，但後面的數字是代表碳含量，45是0.45%的意思。最後的英文字母C則是碳（Carbon）的縮寫。

雖然材料的JIS符號有規則可循，但是在這個領域中，若不知道材料成分與材料特性之類的專業知識，相信一定會難以理解。不過也沒必要全部硬背，建議可以先從自家公司常用的材料開始認識。

鋁、銅的材料符號

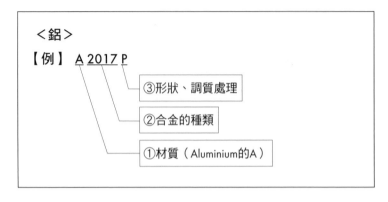

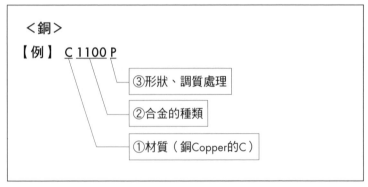

　　①表示材質，鋁是取Aluminium的A，銅是取Copper的C來標註。②是合金的種類，以數字四位數標註。鋁的大分類共有1000系列~7000系列等種類。③標註形狀，P代表板狀；BE代表壓出成型棒；BD代表拉伸成型棒。調質處理是指透過熱處理等調整材料性質的意思，例如退火品*會加註O符號。

---

*譯註：退火（Annealing）為熱處理的一種，用來改變材料微結構、或改變硬度、強度等機械性質

具代表性的材料符號

以下介紹一般常見的材料符號。

表 19　一般鋼鐵材料（以 S 開頭的符號）

種類	材料符號	用途
一般結構用軋製鋼料	SS400	一般機械零件
機械結構用碳鋼	S45C	一般機械零件
	S50C	
碳工具鋼	SK4	軸、銷釘等
	SK5	
合金工具鋼	SKS3	淬火（熱處理的一種，過程中會將鋼材急速冷卻）
高碳鉻軸承鋼	SUJ2	滾動軸承等
冷軋鋼板	SPCC	外蓋、外殼等
熱軋鋼板	SPHC	一般機械結構用零件

表 20　不鏽鋼材料（以 SUS 開頭的符號）

分類	材料符號	用途	磁性
奧氏體系列（鉻鎳系不鏽鋼）	SUS303	需要防鏽的機械零件	無
	SUS304		
	SUS316		
鐵素體系列（鉻系不鏽鋼）	SUS430	需要防鏽的機械零件	有
馬氏體系列（鉻系不鏽鋼）	SUS410		

表 21　鋁合金材料（以 A 開頭的符號）

分類	材料符號	用途
Al－Cu系合金	A2011	一般機械零件
	A2017	
Al－Mg系合金	A5052	一般機械零件 一般機械零件、外蓋、外殼等
Al－Mg－Si系合金	A6063	一般機械零件、結構用材料
Al－Zn－Mg系合金	A7075	治具、模具、精密零件

焊接符號

接合物件的方法

接合兩個物件的方法很多。其中最具代表性的是以螺絲接合，這個方法的最大特徵是後續可以拆除分離。另外，例如先前學習的嵌合（壓入）也是接合方法之一；至於接合穩定性最高的是本章即將說明的焊接接合。

表22　接合方法的種類

接合方法	接合的穩定性	拆除的難易度	特徵	本書中的說明章節
螺絲	○	◎	・最常見的接合方法 ・可拆除分離 ・加工成本低	本章（第8章）
嵌合（壓入）	○	△	・適用於接合處無法使用螺絲時 ・加工成本高 ・一旦材料不同，遇熱可能會導致鬆脫，具有危險性	第6章
焊接	◎	×	・接合強度最高 ・加工成本低於一體成形的加工品 ・由於焊接時的高溫會導致變形，所以要求高精度時，焊接後需要再實施表面加工處理	本章（第8章）
接著劑（黏合劑）	△	×	・加工成本低。 ・緊急時可用來暫時固定 ・接合的穩定性不高	―
鉚釘	○	×	・將鉚釘穿到孔內，撞擊鉚釘的兩端，使其變形以固定（例如鍋子或茶壺等把手） ・只有破壞鉚釘才能拆除	―

焊接的特徵在於強度與加工成本

焊接是指運用熱能將金屬局部融化，以便接合一起的方法。

由於接合後零件的金屬部分一體化，所以強度非常高，是具有高穩固性的接合方法。

再者，當我們需要製造如下圖的形狀時，若採用整塊材料來進行加工就必須切削掉非常多部分，加工上相當麻煩；此時，只要採用焊接方式將三塊板材焊接成所需形狀即可，而且還具有加工成本低的優點。

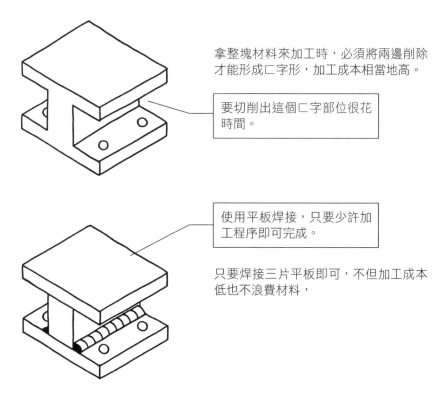

拿整塊材料來加工時，必須將兩邊削除才能形成ㄈ字形，加工成本相當地高。

要切削出這個ㄈ字部位很花時間。

使用平板焊接，只要少許加工程序即可完成。

只要焊接三片平板即可，不但加工成本低也不浪費材料，

圖186　焊接的優點

各式各樣的焊接方式

焊接有許多種方法。

用來融化金屬的熱源，大致上可分成瓦斯與電能兩種。相較於用火焰來融化金屬的瓦斯焊接，電能可分成透過放電產生火光的電弧焊接（arc welding）以及利用電阻產生熱能的電阻點焊（spot welding）等。一般常提到的焊接，通常都是指電弧焊接。

焊接的符號共計有10種以上，視焊接的材料切面形狀與材料間的接合形狀而異。本章說明最常用、為電弧焊接其中一種的「填角焊接」以及「電阻點焊」。

填角焊接的符號

在所有的焊接方法當中，最常用的是填角焊接。這是將接合處做局部加熱，焊上其他金屬來接合的方法。

【只焊接單側時的結構】

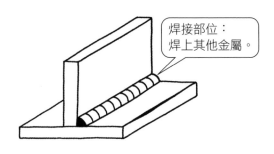

焊接部位：
焊上其他金屬。

【填角焊接的符號】

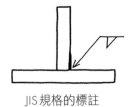

JIS 規格的標註

雖然並非JIS 規格中規定；不過，為了要標註成易懂的資訊，焊接部位通常會塗黑，如上圖所示。

圖187　填角焊接（單側）的符號

【焊接兩側時的結構】

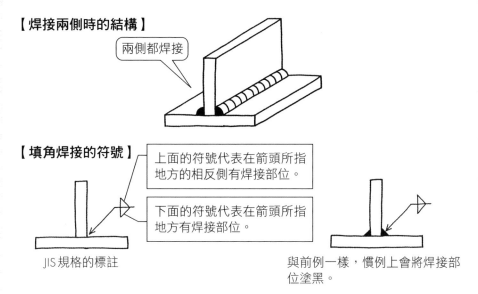

兩側都焊接

【填角焊接的符號】

上面的符號代表在箭頭所指地方的相反側有焊接部位。

下面的符號代表在箭頭所指地方有焊接部位。

JIS規格的標註

與前例一樣，慣例上會將焊接部位塗黑。

圖188　填角焊接（兩側）的符號

電阻點焊的符號

　　另一種常用的焊接方法是電阻點焊。這是利用電阻的熱能將母材融化後，施力使其接合的方法。不需要像填角焊接一樣添加其他金屬，這種方法適用於焊接薄板。

【電阻點焊時】

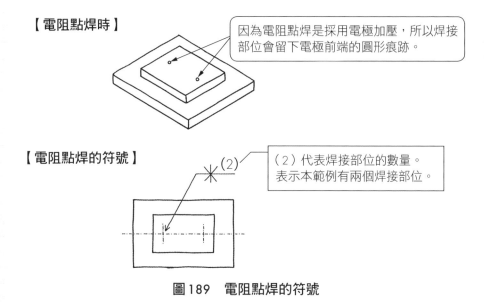

因為電阻點焊是採用電極加壓，所以焊接部位會留下電極前端的圓形痕跡。

【電阻點焊的符號】

(2)

（2）代表焊接部位的數量。
表示本範例有兩個焊接部位。

圖189　電阻點焊的符號

簡略標註螺絲

比照實物形狀來繪製螺絲是件苦差事

　　螺絲不只使用市售品既有的規格，實際上用於物件材料的螺絲也經常需要加工。如果要將螺紋頂端到底部的螺旋狀照實繪製成圖面，相信作業上絕非易事，也不具工作效率。因此，JIS規格才會規定有關公螺絲與母螺絲（螺帽）的簡略畫法。

　　螺絲種類可依照市售品的螺絲頭形狀來分類（如六角頭螺絲、內六角螺絲、小螺絲、平頭螺絲等），也可依照螺徑或螺紋形式來分類（如公制螺紋、英制螺紋、管用螺紋等）。

　　本章介紹形式上最常用的「一般用途公制螺紋」的標註方法。

公螺絲的標註方法

　　公螺絲以實線與細線標註。螺峰（牙頂）以粗實線繪製成一直線，然後螺谷（牙底）則以細實線繪製，藉此替代螺紋的螺旋形狀。

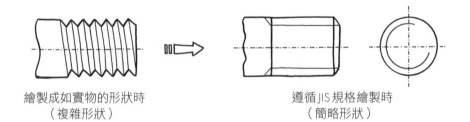

繪製成如實物的形狀時　　　　　　　遵循JIS規格繪製時
（複雜形狀）　　　　　　　　　　　（簡略形狀）

圖190　公螺絲的標註方法

直徑方向與長度方向的關係，如下圖所示。

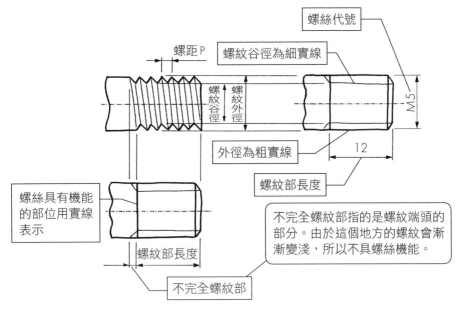

圖191　公螺絲的尺寸標註方法

JIS規格中記載了所有螺絲代號、螺紋谷徑、螺距之類的相關尺寸（請參考第199頁的表23）。

然後從螺絲的端視圖來看（繪製成圓形的圖），會用細實線畫3/4圓表示螺紋內徑。

不過，因為舊JIS規格是繪製成全圓周，所以現狀是兩者都可使用。

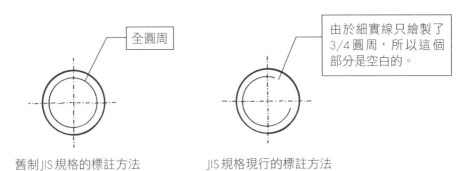

圖192　螺紋各徑的標註方法

公螺絲標註尺寸的方法

螺絲種類有僅僅螺距不同的粗牙螺絲與細牙螺絲兩種。

螺距是指螺絲轉一圈後的移動距離。舉例來說，外徑為5mm的M5粗牙螺絲，其螺距是0.8mm，代表螺絲轉一圈的移動距離是0.8mm。同樣地，因為M5細牙螺絲的螺距是0.5mm，所以螺絲轉一圈的移動距離是0.5mm。日常生活中常用的是粗牙螺絲，細牙螺絲通常用於較薄的部位以及講求鎖緊強度（鎖緊力）時。

粗牙螺絲與細牙螺絲有不同的標註方法。

粗牙螺絲是在螺絲符號M的後面標上外徑尺寸。例如外徑為4mm的螺絲，標鑄成M4。（沒有記載0.7的螺距尺寸）

而細牙螺絲則是在螺絲符號M的後面標上外徑尺寸與螺距尺寸。例如M4 x0.5。

●粗牙螺絲的標註方法：M（外徑尺寸）

　　　　　　　例）M4

●細牙螺絲的標註方法：M（外徑尺寸）x 　螺距尺寸

　　　　　　　例）M4 x0.5

母螺絲（螺帽）的標註方法

　　母螺絲（螺帽）分成完全貫穿、以及只貫穿一半的樣式。只貫穿一半的螺帽是指一邊沒有開孔，這種螺帽的特徵有兩個，一是與公螺絲一樣會有不完全螺紋的部分，二是螺帽內部具有螺絲的導孔（定位孔）。螺帽加工時要以電鑽開孔，然後再用一種稱為攻牙器（絲攻）的工具旋轉攻牙。

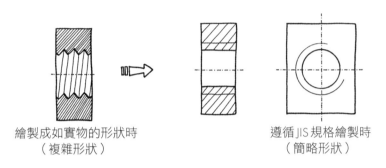

繪製成如實物的形狀時
（複雜形狀）

遵循JIS規格繪製時
（簡略形狀）

圖193　母螺絲（螺帽）的標註方法

完全貫穿與未完全貫穿的直徑圖示。

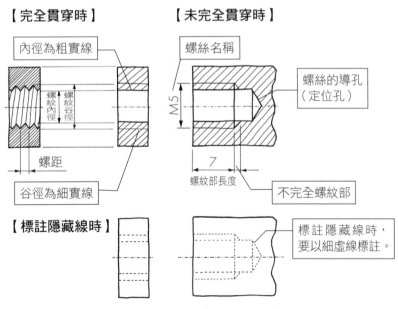

【完全貫穿時】

內徑為粗實線

螺紋內徑

螺紋谷徑

螺距

谷徑為細實線

【未完全貫穿時】

螺絲名稱

螺絲的導孔
（定位孔）

M5

7

螺紋部長度

不完全螺紋部

【標註隱藏線時】

標註隱藏線時，
要以細虛線標註。

圖194　母螺絲（螺帽）的標註尺寸

螺帽的端視圖中，螺帽谷徑與公螺絲一樣用細實線畫3/4圓表示；不過，現狀也有使用舊制JIS規格的全圓周畫法。

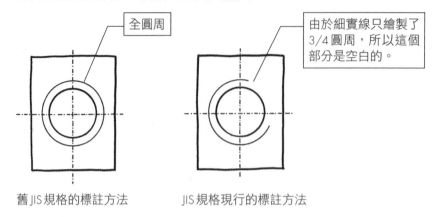

全圓周

由於細實線只繪製了3/4圓周，所以這個部分是空白的。

舊JIS規格的標註方法　　　　JIS規格現行的標註方法

圖195　谷徑的標註方式

母螺絲（螺帽）標註尺寸的方法

母螺絲的標註方法與前篇所介紹的公螺絲一樣。並且，也同樣分成粗牙螺絲與細牙螺絲兩種，細牙螺絲標註時也會同時標上螺距尺寸。

●粗牙螺絲的標註方法：M（谷徑）

例）M6

●細牙螺絲的標註方法：M（谷徑）x 　螺距尺寸

例）M6 x0.75

※ 螺帽的谷徑與螺絲相反。

然後，標註螺徑也要一起標註螺紋深度時，依照JIS規格要標註成「M（外徑）x 深度」；不過，這裡用「x」標註的話，就跟細牙螺絲標註螺距尺寸的方式一樣了，恐怕會容易搞混，所以實務上大多都是以「M（谷徑）螺紋深度」或「M（谷徑）深度」來表示。

例如，當M4的螺帽螺紋深度是6mm時，可以標註成「M4 x 6」、「M4螺紋深度6（M4ねじ深さ6）」、「M4深度6（M4深さ6）」。

螺絲尺寸（參考）

關於主要螺絲的各個尺寸，請參考下表。

細牙螺絲的螺距分成好幾種。因此，為了指示細牙螺絲要依照哪個螺距P來加工，表格內也要一併記載螺距尺寸。

表23　主要的螺絲尺寸

（單位：mm）

螺絲名稱	螺距P		母螺絲（螺帽）	
			谷徑	內徑
	粗牙螺絲	細牙螺絲	公螺絲	
			外徑	谷徑
M 3	0.5	0.35	3.0	2.459
M 4	0.7	0.5	4.0	3.242
M 5	0.8	0.5	5.0	4.134
M 6	1.0	0.75	6.0	4.917
M 8	1.25	1、0.75	8.0	6.647
M10	1.5	1.25、1、0.75	10.0	8.376
M12	1.75	1.5、1.25、1	12.0	10.106
M16	2.0	1.5、1	16.0	13.835
M20	2.5	2、1.5、1	20.0	17.294
M24	3.0	2、1.5、1	24.0	20.752
M30	3.5	2、1.5、1	30.0	26.211

簡略標註彈簧

彈簧種類

我們平時常用的彈簧有許多不同的種類。其中，最常使用的是一種以鋼絲捲成螺旋狀的螺旋彈簧，可分成用於壓縮的壓縮彈簧以及用於拉伸的拉伸彈簧。其他還有汽車或電車車廂等需要承受較大壓力時使用的葉（板）片彈簧式懸吊系統、以及做為時鐘彈簧的蝸旋彈簧等。

本章說明一般常用的螺旋彈簧。

彈簧大多使用採購品

以前都是由設計者自己設計、自己繪製零件圖；不過，現在因為彈簧廠商銷售各式各樣的彈簧，所以大多都改用採購品了。使用採購品的話只要準備零件清單即可，不需要零件圖；不過，由於會標註於裝配圖（又稱組合圖或組立圖）上，所以閱圖者必須了解彈簧是如何標註的。

彈簧與螺絲一樣，按照實物繪製很耗費時間

彈簧也與螺絲一樣，若要依照實物的模樣繪製，作業上相當耗時。因此，製圖上有訂立簡略的繪製方法。

壓縮螺旋彈簧的標註方式

依照壓縮方向使用的彈簧。一般都如圖196(b)一樣，只以實線標註。

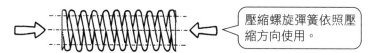

壓縮螺旋彈簧依照壓縮方向使用。

繪製成如實物的形狀時（複雜形狀）

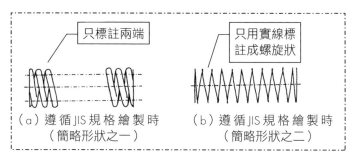

只標註兩端

只用實線標註成螺旋狀

（a）遵循JIS規格繪製時
（簡略形狀之一）

（b）遵循JIS規格繪製時
（簡略形狀之二）

圖196　壓縮螺旋彈簧的標註方式

拉伸螺旋彈簧的標註方式

依照拉伸方向使用的彈簧。一般都如圖197(b)一樣，只以實線標註。

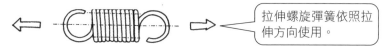

拉伸螺旋彈簧依照拉伸方向使用。

繪製成如實物的形狀時（複雜形狀）

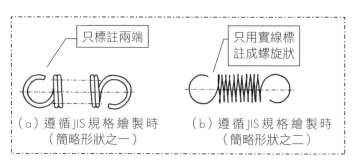

只標註兩端

只用實線標註成螺旋狀

（a）遵循JIS規格繪製時
（簡略形狀之一）

（b）遵循JIS規格繪製時
（簡略形狀之二）

圖197　拉伸螺旋彈簧的標註方式

讓圖面貼近生活

有關圖面的閱圖方式，本書說明至此。

感謝各位讀者耐心地從序論依序學習到第8章。這裡讓我們再次回顧並彙整閱圖時應注意的重要項目。

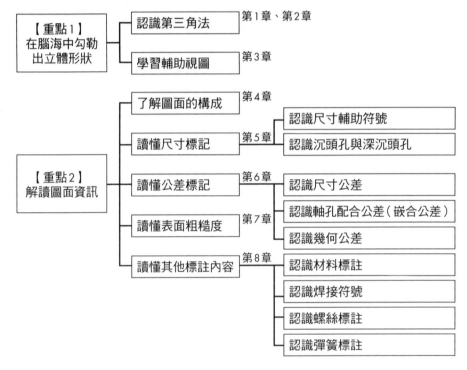

圖198　閱圖時應注意的重要項目

請回顧「前言」所介紹的兩張圖面。

在尚未學習閱圖之前，相信各位一定覺得這兩張圖面非常複雜；不過，看完本書之後，相信有親近一點的感覺了。訣竅是務必仔細閱讀本書。因為不管是多麼複雜、標註多少資訊的圖面，其閱圖方法全都一樣，不需要望圖卻步。請讀者們帶著自信仔細閱圖。

最後，我有一些建議想獻給未來打算與圖面為伍的讀者們。

在腦海中勾勒出立體形狀的訣竅

本書開頭提示了兩點閱圖重點。第一點是勾勒出立體形狀，第二點是正確讀取資訊。

首先，想要能夠「看圖面想像立體形狀」，最好的方法就是大量閱讀圖面。即使剛開始需要花很多時間才能看懂也無所謂。也可以用鉛筆和橡皮擦試著塗鴉看看。這麼做不但能加快學習速度，慢慢地即使不用塗鴉也可以自然而然地在腦海中浮現立體形狀。

能勾勒出立體形狀後，下一步就是掌握外形尺寸。

目標物件是有如手掌般的大小？抑或是可放在桌上的大小？又或者大到無法置於桌上、必須要放在地板上的大小？要掌握外形尺寸的原因是因為就算形狀相同，一旦大小不一樣，勾勒出的立體形狀也會跟著改變。

網羅更多資訊以拓展專業知識

本書介紹了實務上常用的規則。可是，JIS規格遠比本書中所介紹的規則還要多上數十倍。當讀者遇到本書沒有記載的規格時，可以自行查閱JIS規格；不過，若有網羅更多範疇的書本可供參考的話，相信一定會更加方便。

因此，筆者在此推薦大西清著作的『JIS規格的標準製圖法』（理工學社）。這本書雖然是以製圖法命名，但內容當中也簡潔扼要地彙整了許多實用的規則，相當有益於學習閱圖。

當然書中少不了專有名詞，不過只要讀者有仔細閱讀本書並打好基礎，那麼一定能充分理解該書所介紹的內容。

另外，『JIS手冊59　製圖』（日本規格協會）網羅了齊全的JIS規格。內容多達200多頁，雖說是手冊但厚度與字典相差不遠，公司或部門若能常備一本，必定助益良多。

不懂時立即發問

當洽詢技術或商談業務時，若對圖面有所疑問，務必要當場發問。提問並不可恥。

千萬不可以有先裝懂、後續再回公司慢慢查的念頭。設計者都是抱著熱情來繪製圖面，所以不管被提問什麼，一定都會親切熱心地回應。當場提問說不定還能獲取意想不到的詳細資訊。

設法提升知識等級

會閱圖以後，下一個階段就是學習加工知識與材料知識。主要的加工機是鑽床、車床、銑床、研磨機。

如果能學到這些加工機可以加工出什麼形狀、以及能以多少公差來加工的話，光看圖面就能判斷出製造難易度了，甚至累積一些經驗之後，還能預估出加工成本來。

還有，因為材料的種類相當繁多，從鐵、鋁、銅之類的金屬材料到塑膠、橡膠等都有，所以建議可以從自己公司常用的材料學起。

後記

　　將紙上繪製的圖面製造成立體物件……本人覺得圖面真的是很不可思議且深具魅力的東西。雖然我長期接觸圖面，但是至今我仍然記得第一年初入社會還是社會新鮮人時，自己設計的圖面第一次被製造成物件是有多麼地感激與感動。

　　圖面注入了設計者的巧思與熱情。尤其是決定物件規格與特性的圖面，更是投入了大量心力所繪成。可惜的是圖面只能呈現出創意的最終結果，無法表現創意靈感、以及創作理由、根據之類的背景來源。

　　也就是說，圖面並非是十全十美的東西。

　　要收集到這些詳細資訊，最好的方法就是拿著圖面去找設計者。沒有比面對面直接交流更好的手段。前一頁提到要直接問設計者，也是這個意思。

　　製造真的是一個令人愉快又美好的世界。

　　希望未來大家都能善用圖面讓日本成為強盛的製造王國。

　　最後，感謝之前在生產技術部門時長年提拔我的村田製造所株式會社的上司與同事們。也謝謝力薦我出書的立命館研究所恩師柿內幸夫老師、給予出版機會的日本能率協會管理中心前編輯土居武氏、以及給我珍貴建議且支持鼓勵我的編輯負責人齋藤亮介氏，在此獻上我最深的謝意。

2010年7月

西村仁

平頭螺栓	皿ねじ	190
攻牙器（絲攻）	タップ	197
八劃		
表面粗糙度	表面粗さ	174、175
表面狀態	表面性状	174
草圖	ポンチ絵	22、24
放大比例尺（倍尺）	倍尺	118
定位公差	位置公差	162
定位裝置	位置決めユニット	9
直角度	直角度	147、162
拉伸成型棒	引抜棒	188
英制螺紋	インチねじ	194
抛光	ラップ仕上げ	177
抛光鋼材	ミガキ材	182
九劃		
後視圖	背面図	49、50、51
旅行車	ステーションワゴン	55
剖面線	ハッチング	100
十劃		
素描／草稿／略圖	スケッチ	22
真直度	真直度	162
真平度	平面度	162、163
真圓度	真円度	162
高碳鉻軸承鋼	高炭素クロム軸受鋼	189
高精度表面粗糙度測量儀	高精度な表面粗さ測定器	179

國家圖書館出版品預行編目資料

圖解看懂工業圖面 / 西村仁著；洪淳瀅譯 . -- 初版 . -- 臺北市：易
博士文化，城邦文化出版：家庭傳媒城邦分公司發行 , 2018.01 面；
　公分 . -- (最簡單的生產製造書；1) 譯自：図面の読み方がやさ
しくわかる本
ISBN 978-986-480-040-7(平裝)

1. 工業設計 2. 系統設計

440.8   107000759

DA3001
圖解看懂工業圖面

原 著 書 名／図面の読み方がやさしくわかる本
原 出 版 社／日本能率協会マネジメントセンター
作　　　者／西村仁
譯　　　者／洪淳瀅
選 　書　 人／蕭麗媛
責 任 編 輯／莊弘楷

業 務 經 理／羅越華
總 　編　 輯／蕭麗媛
視 覺 總 監／陳栩椿
發 　行　 人／何飛鵬
出　　　版／易博士文化
　　　　　　城邦文化事業股份有限公司
　　　　　　台北市中山區民生東路二段141號8樓
　　　　　　電話：（02）2500-7008　傳真：（02）2502-7676　E-mail：ct_easybooks@hmg.com.tw
發　　　行／英屬蓋曼群島商家庭傳媒股份有限公司城邦分公司
　　　　　　台北市中山區民生東路二段141號2樓
　　　　　　書虫客服務服務專線：（02）2500-7718、2500-7719
　　　　　　服務時間：周一至周五上午09:00-12:00；下午13:30-17:00
　　　　　　24小時傳真服務：（02）2500-1990、2500-1991
　　　　　　讀者服務信箱：service@readingclub.com.tw
　　　　　　劃撥帳號：19863813
　　　　　　戶名：書虫股份有限公司
香港發行所／城邦（香港）出版集團有限公司
　　　　　　香港灣仔駱克道193號東超商業中心1樓
　　　　　　電話：（852）2508-6231　傳真：（852）2578-9337　E-mail：hkcite@biznetvigator.com
馬新發行所／城邦（馬新）出版集團 [Cite (M) Sdn. Bhd.]
　　　　　　41, Jalan Radin Anum, Bandar Baru Sri Petaling, 57000 Kuala Lumpur, Malaysia
　　　　　　電話：（603）9057-8822　傳真：（603）9057-6622　E-mail：cite@cite.com.my

美 術 編 輯／簡至成
封 面 構 成／林雯瑛
製 版 印 刷／卡樂彩色製版印刷有限公司

Original Japanese title: ZUMEN NO YOMIKATA GA YASASHIKU WAKARU HON
Copyright © Hitoshi Nishimura 2010
Original Japanese edition published by JMA Management Center Inc.
Traditional Chinese translation rights arranged with JMA Management Center Inc.
through The English Agency（Japan）Ltd. and AMANN CO., LTD, Taipei.

2018年01月30日 初版1刷
2021年10月22日 初版4.5刷
ISBN 978-986-480-040-7

定價560元　　HK$187

城邦讀書花園
www.cite.com.tw